はじめに

清潔な水はどこから来るのだろうかと考える人は、ユーザーにとって安全で持続可能な水供給を実現し維持するというインフラの重要な役割を認識していると思われる。

今日、私たちは水の供給と管理に関連するシステムとその影響について、都市部での水源保護から雨水管理まで、あるいは、洪水緩和から効果的な水処理方法まで、それらについてかなりの知識を持っている。そして、水管理インフラの机上には、さらに多くの選択肢がある。増加した代替案の一部には、性能指標やコスト効率などの検討を含めた、グリーンインフラストラクチャー（グリーンインフラ）に関連した会話や行動が含まれている。

グリーンインフラは「生態系の価値と機能を保全し、人々に関連した利益をもたらすための自然の土地、作業風景、あるいは、その他の広場によるネットワークの戦略的利用」である。それは、水を処理施設に運んで処理するのではなく降った場所で集めて処理するためのものであり、一般に言って、分散化されている。

また、グレーインフラとは、水処理場や汚水処理場、パイプライン、貯水池などの水資源のための人工的なインフラを指す。グレーインフラは通常、水管理に集中的な手法をとった構成要素一式を指している。

グリーンインフラの用語は、低影響開発（LID）のコンテクストでも使用できる。

都市は不確実な未来に直面している。気候変動という大規模な介入から小規模な富栄養化まで、下水道と自動車輸送、浸水性舗装とブルールーフ（水管理屋根）、壁面緑化、さらには樹木のキャノピーの扱いなど、将来の都市の姿には、現在の姿を大きく変えた異なるものが求められるのではないだろうか。

本書は、都市でのより良い生き方を探るために、グリーンインフラの実践をその価値評価を元に再考するものである。グリーンインフラは公園や広場、道路などと関連付けて「都市の生態系」をどのように創造するかを示す。都市林や道路、広場、水路は、より健全で安全で豊かな都市をつくるのに役立つものである。それらのグリーンインフラでできた都市は気候変動に対してより強力なレジリエンス（回復力）を持つであろう。しかし、このビジョンを実現するためには、グリーンインフラが都市基盤と都市環境の計画設計において、より大きな役割を果たしていることを知らねばならない。本書はグリーンインフラの米国における事例を

緑が人々の心を和ませる。豊かにする。それは都市部においてより顕著である。

紹介している。これがグリーンインフラに対する理解を促進する契機となれば幸甚である。

目　次

第1章
グリーンインフラとはなにか

土地の利用形態は本質的に水質と結びついている。都市化された地域が増えるにつれて、屋上、駐車場、一般道路、高速道路のような水を透さない硬質な地表面が増えた。舗装されていない土地ならば雨は地中へ浸透するが、硬質な舗装面の場合、浸透できなかった雨は雨水管へ排水されて地元の河川、湖沼、小川などに流入する。しかもこうした雨水の不浸透性地表面からの流出は、歩道の上や屋根の上あるいは芝生の上などを流れる際、そこに付着していたガソリンや農薬などに含まれる汚染物質を拾い上げて一緒に輸送し、河川や湖沼などの水域へ排出されることで水質を劣化させ、そこで安全に泳いだり漁業をしたりしようとしていた人々の能力を削り、その健康を危険にさらしてしまう。また、大量の雨水が雨水管を通って輸送され地域の水域に放出されることは、川岸を侵食し低地では洪水の原因となる。コミュニティによっては、未処理汚水を直接、地元の海に放出するところがあり、その場合このような雨水管に集まってきた表面流出水は、降雨時の下水道からのオーバーフローの増加に寄与することがある。硬質な表面からの雨水の流出は、米国全土の多くの流域で水質汚濁の重大な原因となっている。

全米で増加する開発と都市化は、雨水の表面流出を増加させ、水域の水質汚染を着実に進行させる大きな要因である。今日、都市部や郊外に住んでいる米国人のほとんどが幅広い車道や駐車場、屋根を普通に持っている。そして一時期と比べればスプロール現象という都市や郊外の拡大が終わっているものの、古い地区の再開発と商業複合体の開発は増加の一途をたどっている。一説によれば、現在の全米で都市部にある土地の42％は、2030年までに再開発されると言う。つまり、新規開発も再開発もすでに手一杯な状態であり、そのどちらもが米国の水路へ試練をもたらす可能性を秘めている。現在の新旧を問わない開発が、コミュニティを水を保全し生態系を保護して復元する体制へと移行させる、従来の開発方法から新しい開発方法へとシフトさせる機会を提供してくれる。現在はその過途期なのである。

雨水インフラも排水インフラも根本的には何十年もの間、古代ローマのエンジニアたちが水を管理するために作ったシステムから進歩していなかった。しかし今日、これらのインフラが持つ課題は大幅に増加した。米国の市町村やそれより小さな単位である近隣地区では、雨水を浸透させない不浸透性の領域が拡大し続けている。かつて野原や森林に浸透していた雨は、今日では過剰なほどの量が、屋根、駐車場、高速道路といった硬い地表面の上を流れ、地中へ浸透することなしに流出してしまう。この流出した雨水は河川や湖沼、小川などの水域へ流れ込むが、最終的には硬質の地表面を洗い流した際に含んだ重金属や細菌などの汚染物質を河川や湖沼へ運んで水を汚染し、住民の健康リスクを高めるようになった。

雨水の大量の流出は、川岸を侵食するほどの局地的な洪水を引き起こし、下水道のオーバーフローをもたらし、未処理汚水を直接、地域の水域へたれ流す。コミュニティから出る排水や流出水を水路へ導くのに使用する下水道という昔ながらの技法は、現在の暴風雨からの流出の抑制と将来の需要に合わせた計画を提供しようと努力するコミュニティや共益局に対し、課題を提起するものとなった。多くのコミュニティは、管渠、水路、排水溝などのネットワークを介して、流出水を建物や近隣からすばやく遠ざけるために輸送による管理をしている。米国のコミュニティの中には汚水と雨水のシステムを分けた「分流式下水道（CSS）」を使っているところもあるが、古い都市では下水道は、雨水と未処理汚水やトイレからの汚水と工業廃水をとらえ、「合流式下水道」として知られる処理施設へ輸送するよう設計されている。

雨や雪解け水が大量の表面流出水を生みだすことで、合流式下水道へ集まる水の量は、下水処理場の能力を超えることがある。下水道への過負荷は、雨水と汚水の混合物を地元の河川や沿岸水域に直接放出するきっかけとなるが、そこで生じる「合流式下水道からのオーバーフロー（CSOs）」は、何百万ガロンという未処理汚水とそれに含まれる危険な汚染物質を河川、小川、湖に捨てることになる。水域とは水泳やボート、釣りなど人々の活動の場であり、なくてはならない飲料水の水源である。そのためCSOsの解決は重大な問題となる。

CSOs 発生に至る経緯

表面流出水とは硬質舗装面、路面や芝生その他の上を流れる雨あるいは雪どけの水である。開発の先進地域で増加した舗装や屋根などの不浸透性の地表面は、雨が地面に自然浸透することを妨げ、その代わりに排水溝、雨水管、下水道へと流出させるが、これは次のような負の影響を及ぼすことがある。

・下流の浸水
・側岸の侵食
・水域での混濁度の増加
・沈殿物の上ずみを撹拌されて生じたぬかるみによる生息地の破壊
・流出ハイドログラフ（洪水流量曲線）での CSOs の変化
・インフラの破損
・小川や河川、沿岸水域の汚染

従来の雨水管理計画は、合流式あるいは分流式下水道のネットワーク内に雨水を集めてできるだけ速く敷地から遠ざけるために輸送することに特化している。敷地の外へ出た雨水は大規模な雨水管理施設または下水処理場へと送られる。しかしこの従来の方法には限界が来ている。

その要因の一つが、暴風雨の頻度と強度、持続時間の変化である。米国の多くの地域で、大暴風雨が将来にわたりますます頻繁に生じると予測されている。ある地域で降雨と降雪が増加すれば、それは雨水管へのさらなる要求と治水システムの力を求めることになり、開発者や行政は、大量の雨水を管理するために新たな戦略を採用することを強いられるようになる。

さらに、都市の雨水を管理するために広く確立された今までの方法は高価であり、しばしば非効率な方法であった。流出を管理して処理するのにかかる莫大なコストから、汚染や洪水被害、健康被害をもたらすことで発生するコストまで、コミュニティに高い負担を課すものであった。そして、雨水インフラの既存施設の老朽化と雨水インフラの新しい施設の建設という圧力が一緒になると、将来の自治体、州、連邦政府の財政需要に対して、数十億ドルものコストを追加することになる。米国環境保護庁（EPA）によれば、米国のコミュニティは、必要な雨水管理と合流式下水道の更新と改良において合計で1060億ドルの支出が必要であるという。このインフラに関連する需要は、環境、公衆衛生、安全なインフラなどのいずれも重大な都市の構成要素に対する投資を制限する、あらゆるレベルの行政にて生じる予算の制約と結び付いている。

一方で、逆に雨水が下流へ流れ去る前にそれを地元に留めて活用しようとして失敗し、コストがかかった例もある。雨水は、飲料水供給用として地域の地下水を涵養する可能性を持つが、都市化による不浸透性地表面の大幅な増加によって、著しい量が地表面から地中へ浸透することなく流出してしまう。1997年のアトランタにおける雨水流出量は、150万人～360万人の平均世帯の水需要を十分に満たすほどであった。アトランタの郊外が拡大し続けている限り、この数値は大きくなるだけである。

コミュニティときれいな水を護るための雨水管理

新しい施設を建設すべきだという圧力に負けて、時代遅れの施設と雨水インフラを組み合わせたことで生じた失敗は将来、自治体、州、連邦政府の財政需要に10億ドルを負わせることになろう。2008年の米国環境保護庁（EPA）による流域浄化需要調査によれば、全米での雨水排水および雨水管理需要の総額は2981億ドルで、そのうちの1060億ドルは、雨水管理と合流式下水道に関連した直接費用である。このレベルの所有自己資本の暗黙の課題となっているのが、雨水の管理需要を満たすのに利用可能な公的資金が不足しているため、雨水インフラの整備が遅くなる問題である。これより10年前にEPAは､全国のコミュニティは、水をきれいにするインフラの建設、改修、修理、運用および維持に対して、

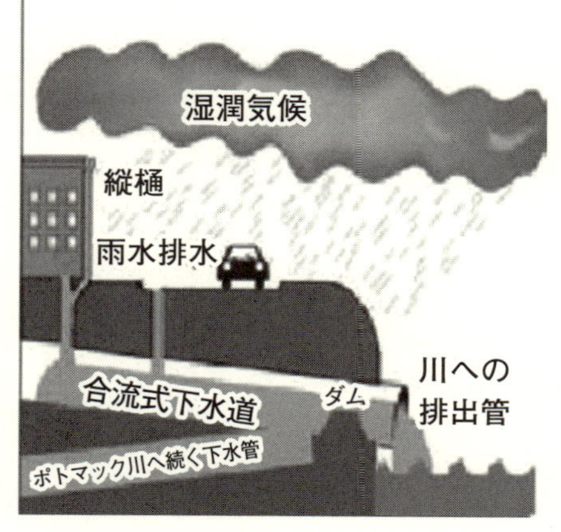

図１　暴風雨に見舞われた合流式下水道は、下水道の処理能力が圧倒され地域の海に未処理の汚水と雨水を一緒にして放出する。（出典：米国環境保護庁）

2700億ドルの資金不足に直面すると推定した。しかし雨水インフラの需要は、環境インフラや公衆衛生インフラへの投資を制限することになる。また、地方から連邦まであらゆるレベルの行政の予算には限りがあるため、流出した雨を管理することに利用できる資金も限られている。それゆえ、水質の改善能力も限られるため、本質的にはいまだ高価なコンクリート製の側溝やパイプ、暗渠、水路などの従来の一元的な雨水管理の方法への広範な依存性は残っている。

新しい雨水管理のパラダイム

2009年に公表された米国学術研究会議（NRC）の報告書は、雨水の全体量を減らすことなく流出時のフローを拘留するという大規模で集中化された従来の雨水管理方法の限界を探るものであった。NRC は、従来のやり方では流出時のフローを集中させるだけで、頻繁で小規模な暴風雨からのフローは減衰することができず、流域への排出のタイミングと処理機能を混乱させていると指摘した。そして、これからの雨水管理は、雨水を集水した後、蒸発や浸透させる流出管理技術によって敷地の水文学的機能を回復させる開発手法への依存度を増やすべきだと提唱した。この開発手法は一般に、「グリーンインフラ」と呼ばれる。それは、地中へ浸透できずに地表面から流出した雨水を下水管にて下流へ運ぶのではなく、降ったその場所で管理することにより、雨の表面流出水が下水管へ流れ込む量を減らし、また、雨水に混じった汚染物質を他の場所へ輸送することを抑制するものである。グリーンインフラについて解説を始める前に、まずは EPA による定義を紹介する。

グリーンインフラの定義

グリーンインフラとは、健全な水域の維持をはじめとする複合的な環境利益を持つ一種の装置であり、持続可能なコミュニティを作るためにコミュニティが選ぶことのできる方法である。グリーンインフラの「グリーン」は植物の意味であり、安全安心の意味でもある。他方、従来のコンクリート主体の都市基盤は、グレーインフラと呼ばれる。両者の違いは、グレーインフラが雨水を処理するための「雨水管」として利用されるのに対して、グリーンインフラは雨を降ったその場で管理する「緑地」として使用される点である。グリーンインフラのシステムはナチュラルプロセスを模倣しており、洪水の削減、大気質の向上などの利益を我々に提供してくれる。我々のインフラは、現在そのほとんどが耐用年数を超えているため、交換や再設置を求められているが、それを順調に行えるだけの経済基盤や社会基盤を持ったコミュニティはほとんどない。そのため、求められているのは直ちに様々な目的に応じられる柔軟な解決策なのである。グリーンインフラはその解決策の最初の一つとして生み出された。それは自然を使用する雨水管理アプローチシステム、あるいは自然模倣工学システムなのである。

上のEPAからの引用で分かる通り、グリーンインフラとは、分散型雨水管理実践のネットワークである。グリーンルーフ（緑の屋根）、樹木、雨の庭™、透水性舗装などの方法を用いて、雨を降った場所で集めてそのまま地中へ浸透させる装置のことであり、それによって雨水の表面流出を減らし、周辺水路の健康を改善する。グリーンインフラは一極集中型ではなく、自然保全のために配置された大きな帯状の自然区など様々な規模で実践される。本書は、都市環境におけるグリーンインフラの効果に焦点を当てているが、その生態的、経済的、社会的、またはサービス的な利益を提供する実践能力は、グリーンインフラを近年、流行戦略へと押し上げた。グリーンインフラの実践は、流出した雨水からの汚染の削減の他にも、エネルギー消費量の削減、大気質の改善、二酸化炭素の削減と隔離、資産価値の上昇やレクリエーション機会の提供、また、コミュニティの人々の健康維持や活力維持といった社会的価値の提供など、様々な積極的な影響を与えている。また、コミュニティが直面する気候変動にインフラを適応させる必要性に対しても、柔軟性を提供している。

雨の庭™とグリーンルーフ

雨の庭™とグリーンルーフは、グリーンインフラの一つの手法、一つの様式である。装置または設備あるいは機能と言い換えてもいい。それは、雨をランドスケープへの灌水や室内で用いるために、現場で浸透させたりタンクに集めたりして処理するものである。この方法は、完全に従来のインフラによる雨水管理の価値とは異なる価値を雨に反映させている。何世紀もの間、コミュニティは雨を脅威としてとらえ、汚水としてそれを集めて地域の水域へ排水することで処理をしてきた。しかし、今日のコミュニティは、雨水を資源と見なして使い始めた。緑の空間を増強し、都市の気温を下げ、地下水を涵養するために、雨水を現場で浸透させたり拘留させたりしている。つまり、雨水を処理することに新しい価値を見出す新しいパラダイムが開発されたのである。

実は、米国全土のコミュニティは過去数十年にわたり、雨水流出を軽減して管理するためにグリーンインフラという方法を使うことで、かなりの財務利益と水利益を実現してきた。言い換えるならば、最大限の可能性のために自然の水文学を模倣するよう機能させることによって、水域あるいは過負荷の下水道へ運ばれる雨水流出を最小限に抑え、従来の排水量と雨水を管理するインフラの建設量を減らしてきたのだ。流出制御技術の進化は、専門家によるリーダーシップの産物である。土木工学およびランドスケープアーキテクチャーのコミュニティは、特に、グリーンインフラとそれに関連するやり方で現場からの流出水を削減し、その多くを現場で管理するようメンバーの意識を前進させることに尽力してきた。このプロフェッショナルのコミュニティがグリーンインフラによる雨水管理の改善を推進し続けているため、建設業者、開発業者および米国民の間でも、グリーンインフラの受け入れは拡大を続けている。結果として、そのコストと性能についての不確実性や懸念の一部は解消されており、グリーンインフラの付加的経済利益と地域社会利益の存在が、地方政府および政府機関の意思決定の際に重要な役割を果たすようになってきている。

雨水インフラの刷新需要に対する現実と、利用可能な財源、水質への悪影響の増加、雨水流出の速度と量によって引き起こされる財政的ストレスなどの間には大きなギャップがある。この状況の中、地方自治体は、公共の建物やインフラの建設工事や改修工事にグリーンインフラの実践を組み込むことによって、大幅なコスト削減を実現しようとしている。グリーンインフラは、同等のグレーインフラの選択肢よりも雨水とCSOsの管理コストを削減し、より安価で今まで以上にコスト効率をよくすることができる。さらに、自治体や地域社会の経済価値に変換できる財政利益と社会利益も提供する。グリーンインフラは、差し迫った雨水問題に対応しながら、実質的には健康でもっと住みやすい地域社会をつくる。従来のグレーインフラによる実践と雨水管理から離れグリーンインフラによる流出管理へシフトすることによって、米国のコミュニティは大幅なコスト削減を実現することができ、追加的な経済利益と地域社会利益を享受することができるようになった。

グリーンインフラとグレーインフラ

ここでグリーンインフラとグレーインフラの違いを明確にしておきたい。グリーンインフラとは、雨水を管理するための自然の力を引き出すプロジェクトであり、土壌や植物を利用した比較的新しい方法である。これに対し、従来の伝統的な雨水インフラは、自然ではなく設計された排水溝や下水道、水路、下水処理場によって構成されたシステムであり、その見た目からグレーインフラと呼ばれている。

グレーインフラとは、言い換えると、配管排水と水処理システム（パイプとタンクによるエネルギー集約型水処理システムや、浸透および逆浸透を利用した従来の処理システム）のことである。グレーインフラは、地表面を流れる雨水を集めて遠くの専用処理施設まで運搬し、そこで処理する。このシステムは、エンジニアリングや継続的なメンテナンスを必要とし、定期あるいは不定期の更新を必要とする。しかし、都市化が進むにつれて、さらには時間の経過とともに、グレーインフラは様々な問題に直面するようになった。

問題の一つはグレーインフラ、つまり下水道へ流入する雨水の増加である。未開発地から開発地になり都市化が進むと人口が増加し、むき出しだった地面は水を透さない舗装面へと変えられていく。ひとたび雨が降ると、雨水は地中へ浸透できずに地表面から流出して排水管や下水管へ入る。不浸透性の地表面が増えるにつれ、豪雨のたびに表面流出した雨が下水道へ殺到し、下水管からのオーバーフローが地上の水域へ放出される。特に、合流式下水道からのオーバーフローでは、下水中の有機負荷も問題となる。有機物は水中で分解するのに酸素を必要とするため、過剰な下水の排出は、水生生物が利用できる水中の酸素を大幅に減少させることになり、生態系の維持を困難にしたり、劣化させたりする原因となる。また、経年による管渠の腐食も、グレーインフラのシステムに負担をかける。さらに、最近では気候変動による影響もあり、グレーインフラシステムの多くは、都市部で高まる要求に応えるために拡張や改修をしなければならなくなっている。

また、ブルーインフラと呼ばれる種類のインフラもある。こちらは、既存の改修済みの集水システム内に取り付けられた独自の小型フットプリント高効率デバイスのことである。ブルーインフラは、グリーンインフラとグレーインフラの利益を結びつけるために使用することができるもので、密集した都市部の再開発環境では、特に実用的である。ブルーインフラは、自然排水路などのグリーンインフラの原則を模倣することを目的としており、グレーインフラの前処理システムとして用いたり、あるいは、空間効率のよい水処理装置として機能させたりすることができる。

インフラ整備と空間の問題

特に高度に都市化された流域における現実的な課題は、空間は有限であり通常はプレミアムなものであるということである。この理由で言えば、雨水管理を行いながら都市の美観にも貢献する「グリーンインフラ」は魅力的な選択肢であり、持続可能なアプローチの観点からも文句のないものであるが、都市の施設やイン

フェリー・ポイント・水辺修復計画 *

---

* 水辺地域
水辺地域とは、河川その他の水域に隣接する土地で、植物や土壌は水の影響を強く受けている。肥沃であり、観光やレクリエーションのホットスポットである。作物にとって高い地下水位を維持するのを助け、家畜に対する飼料や避難所、水を提供するので、農業に適した土地である。また、水のろ過や貯蔵、侵食の防止、魚や野生生物の生息地の提供も役立つ。

フラの改修が必要とされる場面では、グリーンインフラの空間要件は自身でどうこうできるものではないことに注意が必要である。

事例　グレーインフラの拡張（ワシントンD.C.）

ワシントンD.C.の水処理施設であるブループレーンズ排水処理場は、雨水管理を目的に造られた市のグレーインフラの一つである。

ワシントンD.C.の水道会社DCウォーターは現在、雨水の流量を増やすために、水処理システムの更新および拡張を行っている。38億ドル規模のこの公共事業改修プロジェクトは、「合流式下水道からのオーバーフロー（CSOs）」を削減するよう雨水管理の改善を目指すもので、そのために、オーバーフローを制御する複数の水路の建設や複数のポンプ場を更生させようとしている。もしこの改修が2025年ごろに完成すれば、この計画によって、CSOsの96％が削減される予定である。しかしこの計画は同時に、納税者に対して高い費用負担を課すものとなっており、例えば、アナコスティア川へのCSOsの流入を制御する10マイルの水路の建設費用だけでも約1兆6700億ドルが見込まれている。つまり、グレーインフラの費用規模はグリーンインフラのそれよりもはるかに大きい。とはいえ、この計画には、このシステムに流入する水量を軽減させられるように、グリーンインフラ実践の基である低影響開発（LID）プロジェクトの研究開発資金も含まれている。

ブルーグリーンシティ

都市部のインフラに関連して生まれた新たな言葉が「ブルーグリーンシティ」である。これは、水管理とグリーンインフラを一緒にして都市の快適性に貢献しながら、自然指向の水循環を再現することを目指す挑戦を記述するのに使用される用語である。

英国ノッティンガム大学のコリン・スローン教授によって率いられたブルーグリーンシティ（Blue Green Cities）の研究プロジェクトが、2013年から2016年にかけて実施された。このプロジェクトには、９つの英国の大学のほか、学術や産業分野、また地方政府も参加していた。ここで研究されたブルーグリーンシティとは、水管理手法とグリーンインフラを集めて都市の快適性を向上させる一方で、自然指向の水循環を再現することを目的とするものであった。これは、都市の水文学的価値および生態学的価値を組み合わせて保全し、都市における気候変動や土地利用の形態に適応し、雨水管理を認識し、また、社会経済活動の将来の変化に対処するためのレジリエンスのある適応策を提供することによって達成される。そのためには、水資源管理のための雨水集水を含む水需要の管理と、洪水と干ばつの両方に対処できる都市環境の設計と活用が大変重要である。ブルーグリーンシティは、水管理と都市の緑地供給との統合を図り、ブルー（水）資産とグリーン（緑）資産とを結びつけて相互作用を促し、付加価値を生み出そうとする。この考え方は、統合された計画と管理こそが、環境利益や生態学的利益のみならず社会文化的利益や経済利益を生み出すというもので、都市環境における処々のプロセスと将来にわたる持続可能性の維持にとって重要な考え方である。

グリーンインフラとグレーインフラの例

グリーンインフラには次のようなものが含まれる。

- 雨の集水装置
- 人工的な湿地
- 流域の復旧と水辺生息地の創出・復旧
- グリーンルーフと屋上庭園
- 街路樹
- 透水性舗装

グレーインフラには次のようなものが含まれる。

- 水および汚水の処理場
- 飲料水の供給管
- 洪水緩和策

グレーインフラとグリーンインフラの課題

グレーインフラを取り巻く課題には、資金調達、公共投資、維持管理、都市化の増加などがある。都市化は、水管理の課題を提示する。なぜなら、コンクリートやアスファルトといった硬い表面の導入が、地中浸透の減少に伴う雨水の表面流出量の増加に寄与するためである。グレーインフラは、相対的なサイズ、建設要件、有限の寿命などの理由から柔軟性に欠けると見なすことができる。

他方、グリーンインフラは、投資収益率、リスク管理、都市部における有効性を測定する上で課題を提示する。米国では連邦、州および地方レベルでの現行の規制（あるいは規制の不在）が時に障害となる。多くのグリーンインフラ・プロジェクトは伝統的な排水処理モデルに適合していないため、現行の規制は、プロジェクトがどのように実施されるべきかを定めた規則や建物 / 都市条例には当てはまらない可能性がある。

グリーンインフラはグレーインフラの代替物とは限らず、その逆のこともある

グレーインフラは、飲料水の確保や小面積の場所での大量の雨水処理、輸送時の水質の保証などのためには、常に必要とされるものである。他方、グリーンインフラは、地域固有の条件や目的によってはグレーインフラを補完してエネルギーコストを削減し､将来的に住みやすい都市を作り出すのに役立つものである。

例えばカナダは、雨水管理など水問題に対するハイブリッド（混合）アプロー

グレーインフラとはレスブリッジ市のレスブリッジ汚水処理場のように、一般的に言って箱物施設である。

チの価値を認識している。グリーンインフラは、面源汚染物質を自然に排除することにより、グレーインフラへの負荷を軽減することができる。グリーンインフラを実践することで、個々のシナリオや地域の環境の向上にとって様々な選択肢が利用可能となるという認識は、水産業界や流域および環境団体、そしてすべての政府レベルで育まれつつある。

グリーンインフラによる健全な都市の創出

都市部の土地被覆の多くは不浸透性の素材で占められている。研究は、不浸透性の面積が全面積の10％を超えると、あるいは、ある種の場合はそれ以下でも、その流域の水質が劣化することを示している。これは都市化と水質との間に密接な関係が存在することを示している。しかし、不浸透性地表面が及ぼす影響は水質のみに限定されない。不浸透性地表面がかなりの割合を占めると大気の質を低下させることになり、また、都市部でのヒートアイランド効果を悪化させる。建物、舗装、屋根などの表面は太陽からの熱を吸収し、その硬い表面上を流れる雨水の温度を上昇させ、周囲の気温を上昇させる。気温は高くなるほど熱波による影響を悪化させ、脆弱な人々を熱中症にさせたり、場合によっては死に至らせることがあり、また、喘息を引き起こしたり肺機能を低下させるきっかけとなる形にスモッグやオゾンという化学反応を加速させることがある。グリーンインフラの実践は、それぞれのコミュニティで植生や自然地域または緑地を増加させながら、重大な公衆衛生上の利益を提供する一方で、同時に、コミュニティが汚染された雨水を管理するのにコスト効率のよい方法を提供するものである。

グリーンインフラの設置計画には、雨天時の敷地計画が含まれなければならない。種々様々な専門技術を雨水流出の発生源へ向けて、雨天時のランドスケープ計画を注意深く制御するよう精力を傾ける。低影響開発は雨水が流出した場所で、小規模処理を通じて自然に存在する流域を修復することを目標としている。それは、水文学的に言うならば、開発前条件の真似をする水文学的機能を持った設備を作ることである。雨天時のグリーンインフラは、雨水をとらえて地中へ浸透させるか植物によって吸収させてその後に蒸発をさせている。なおかつそうして雨の一部を再使用をすることで、自然界の水文機能を維持あるいは修復する技術を内包している。

グリーンインフラは、従来のインフラと比べると設置や維持のコストがそこま

車道とサイドウォークとの間に設けられたバイオレテンション域（出典：米国環境保護庁）

でかからない。また、グリーンインフラ計画は、地域の住民を設計や施工、維持管理などに参画・従事させることにより、コミュニティにおける人のつながりを促進するものである。

グリーンインフラの実践は水質を護るという明白な役割の他に、地域コミュニティへの有形で経済的な公衆衛生上の利益を提供する。それは、公園から都市林まで緑の空間量を増やすことで、大気の劣化や水質低下に関連する経済的損失や人的損失を防止または軽減することができる。

では、次の章からグリーンインフラのコスト効率などについて詳しく見ていくことにする。

第2章 グリーンインフラ実践はコスト効率のよい雨水管理戦略

第1節　グリーンインフラのコスト効率に関する特長

過去数十年間にわたって米国のコミュニティの多くは、雨水を削減して管理する手法を集めたツールキットにグリーンインフラの実践を追加することで、かなりの財政利益と水質利益を実現してきた。グリーンインフラの技術は、雨水流出の制御やエネルギー使用の削減のために植栽のある屋根を用いさせたり、洪水のために雨水を拘留する湿地を復元させたり、透水性舗装を敷設させたり、現場で効率よく取水して雨を再利用させたりする。これらの方法は、浸透や蒸発などの自然水文学的機能を模倣することによって、地表水や下水道システムへの雨水の流入を防ぐ。グリーンインフラの実践は多くの場合、高度な土木工学と構造的解決策に高く依存するグレーインフラと呼ばれる伝統的な雨水管理実践を補完したり、あるいはそれを代替したりするコスト効率のよい方法となる。さらに大気の質を向上させ、生息地や緑地を増やし、人間の健康を向上させ、洪水を軽減するものである。

グリーンインフラが広く採用されているコミュニティは美観を備えた住宅を持ち、敷地の資産価値が上昇することが分かっている。そして、地域の水域の質はグリーンインフラが流出する雨水を減らすことによって改善されており、水生生物には適切な生息地が提供され、住民に環境利益や公衆衛生上の利益を与えてくれている。

グリーンインフラは気候変動に直面して、地域の資源の保全と水資源への局所的な影響を低減するために、ますます重要な役割を果たすようになっている。それは、下水道に流入する雨の量を減少させ、豪雨の頻繁化による悪影響と洪水を抑制する自然機能を増加させることで、地域の気候変動に対するレジリエンス（回復力）を強化する。また、従来のグレーインフラに対する代替案として、特に、汚染された雨水や合流式下水道からのオーバーフロー（CSOs）を減らすことによって、多くのコミュニティにおいて積極的な経済効果を実証している。全米のコミュニティが、汚染削減目標を達成する方法としてグリーンインフラを合流式下水道のオーバーフロー制御計画に組み込んでいるが、グリーンインフラはコスト効率よくグレーインフラを補完し、コミュニティに付加価値を追加的に提供する。それはすでに著しく流行している方法となっているが、初期に導入したコミュニティからこれまでに学んだことは沢山ある。公共と民間の敷地にグリーンインフラによる雨水管理方法を含むという大雑把な約束は、どのような具体的な戦略をとるにせよ長期的にみると自治体の財政節約と結びつく。それは、関連する生態系サービスを介して数多くの形ある経済利益を自治体だけではなく、その地域のコミュニティにも提供するものである。

本書は、グリーンインフラのコスト効率に対する公衆の現在の理解の上に成り立っている。それは「グリーンインフラとは、住むのにより安全で健康的な場所を提供しつつ、金銭を節約するコスト効率のよい方法をコミュニティに提供してくれるものである」というものである。

この章ではグリーンインフラのコスト効率に関する特長について、次の４つのステップで概要を述べ、各項目についてはそれぞれの節で解説する。

1）グリーンインフラはコスト効率よく行うことができる
2）エネルギー効率を高め、エネルギーコストを削減する
3）洪水が及ぼす経済への影響を減らすことができる
4）人々の健康を保護し、病気に関連したコストを削減する

1）グリーンインフラはコスト効率よく行うことができる

グリーンインフラは安価での提供が可能な、コスト効率よく雨水の流出を管理する方法である。自治体や開発者は、この実践によって低い資本コストや土地取得要件の緩和、運営費などの金融負担の減少といった利益を得ることができる。またこれを、新しい工事や再開発プロジェクト、下水道からのオーバーフロー削減プログラムに統合することもできる。

2）エネルギー効率を高め、エネルギーコストを削減する

グリーンインフラは自然の水文学的機能を作り、植生の増加を中心に建設するため、劇的にエネルギー消費量を減らすことができる。特に、グリーンルーフ（緑化屋根）、街路樹、都市緑地などを増やし個々の建物の冷暖房の需要を減少させ

ることにより、エネルギー効率を高める。また、近隣やコミュニティへ日陰と断熱を提供することによって、夏の間の室内空間を冷やすのに必要なエネルギー量を低減し、その結果として都市のヒートアイランド効果を緩和する。さらに、再利用目的で回収された雨水が、ランドスケープ植栽やトイレの洗浄、その他工業用途に対する飲料水の需要を減少させる。さらに、飲料水を輸送して処理し、消費者に提供するための地方自治体や共益局（部門）の支出を減らすことも実現させる。

3）洪水が及ぼす経済への影響を減らすことができる

豪雨は多くの場合、局地的な洪水発生の主要原因となり、敷地や公共インフラを損傷する。連邦緊急事態管理庁（FEMA）によれば、年間の洪水被害10億ドルのうち、雨水が原因で引き起こされたものは25％と推定されている。グリーンインフラは雨水の浸透と保持を増加させることにより、地元の雨水下水道や水域に入る水の量全体を減らし、洪水に関連する被害を減らし、敷地の価値を上げ、洪水に関連する税収を含めた負の影響を減らし、公共インフラの損害や修繕コストを減らし、公有地私有地ともに被害を減らす。

4）人々の健康を保護し、病気に関連したコストを削減する

雨水流出によって運ばれた汚染物質は、飲料水やレクリエーション水域、魚介類の生産場や魚場を汚染する大きな要因となっている。水が原因の疾病とそれに関連して失われる生産コストは、有害な細菌や汚染物質が水域に入らないよう防止することによって、大幅に減少させることができる。米国環境保護庁（EPA）は、合流式下水道からのオーバーフロー（CSOs）と分流式下水道からのオーバーフロー（SSOs）に関連して、全国の認可されたレクリエーションビーチでのレクリエーションが原因の疾病例は、少なくとも5576例あると推定した。この疾病はCSOsやSSOsによって汚染された水に接することで感染するが、EPAの分析は胃腸病単独の発症数に限られており、さらには内陸部での発症や非認可ビーチでの発症は数に入っていないため、実際の症例数はおそらく5576例よりもはるかに多い。

きれいな水の維持は、ビーチによく行く人や他の娯楽のために水を利用する人の行動にかかっており、また、その水に依存する地元企業の経済的成功にとって不可欠なものである。グリーンインフラは水域に入る汚染物質を減少させることで、地元の経済損失の軽減にも役立っている。

様々な分野にまたがるグリーンインフラ・アプローチのコスト効率のよさを考えれば、グリーンインフラはもはや米国では雨水管理戦略の一部として不可欠な存在である。今待ち望まれるのは、次の段階である全国規模での戦略への賛同または普及を促進する政策で、これは国が直面するインフラ整備のための資金調達を削減し、現在ある財政需要と利用可能な財源との間のギャップを埋めてくれる可能性がある。

第2節　グリーンインフラはコスト効率がよい

投資収益率

インフラのコストには、グリーンインフラやグレーインフラに関わらず、設置費、資本コスト、年間運営維持費（O & M）、機会費用、取引費用などが含まれる。さらに、どのようなタイプのインフラもすべて社会的コストと利益に関連しているが、社会的コストは全般的に測定が難しい。

一般的に、水インフラ資産の公正価値の市場ベースの証拠はない。なぜなら、資産の特殊性と継続事業の一部としての場合を除けば、ほとんど販売されていないという事実のためである。したがって、大部分の水事業は、資産からの期待所得の正味現在価値法（NPV）、あるいは減価償却された代替費用に基づいて公正価値を見積もっている。

グレーインフラのコストは、伝統的に言って、配信モデルに応じて変わる。例えば次のようになる。

・官民パートナーシップ（PPP）

このモデルでは、政府サービスと民間ベンチャー企業は、政府と一つ以上の民間企業とのパートナーシップを通じて資金提供され運営される。

・ビルオーナー操作転送（BOOT）

この長期資金調達オプションでは、事業を所有している私企業は、施設の資金調達、設計、施工、運用を行う容認を受ける。

・設計・施工・運用・保守（DBOM）

プロジェクトの設計、施工、運用、保守などの要件を公共部門の資金を使って、単一の契約にまとめ上げる。

どのようなプロジェクトであってもそれぞれ独自の資金調達と独自の環境配慮があるため、グレーインフラはグリーンインフラよりもコスト効率がよい（またはコスト効率がわるい）とは、広く言えないものである。個々のインフラプロジェクトを評価するための技術とツールは存在するものの、グリーンインフラへの投資とグレーインフラへの投資を比較するコンセンサスや一貫性のある方法はない。

グリーンインフラがグレーインフラより安価であることを示す既存の事例研究

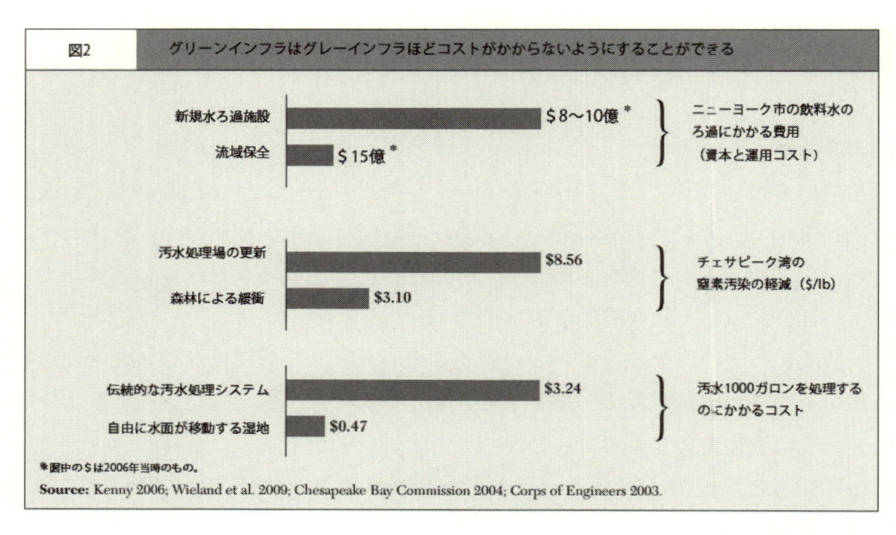

出典：世界資源研究所

例 1　グリーンインフラとグレーインフラのコスト比較

は多くある。しかしながら、グリーンインフラによる長期的な影響や社会的影響、さらには経済的影響や環境的影響は、今後のデータや評価が行われるまで、明確にはわからないかもしれない。評価は今後数年にわたって行われる。

グリーンインフラの投資収益率についての一例として過去の代表的なコスト比較を２つ以下に示す。

例１

上の図の例１であるが、チェサピークベイプログラム（CBP）は、チェサピーク河口の水質と生態系の健康を改善するための長年にわたるパートナーシップで作られたプログラムで、EPAの国家河口湖プログラム（National Estuaries Program）の主力モデルであった。

このプログラムは、2016年までに種や生物生息地、清潔な水、気候変動、土地保全、および地域密着の分野に細分化され、100以上の短期目標や長期目標、行動の実施に向けて取り組むものである。プログラムは、長期間（1985～2013年）モニタリングした結果、敷地の55％が、窒素濃度の改善傾向を示していると報告している。

しかし、このプログラムの効果は現在、すべての水質問題を解決するものではなく、「水質は非常に悪いままだ。湾とその流れ、支流や河川には多すぎるといっていいほどの汚染が流れている」と報告されている。

例2

2007年にEPAは、低影響開発（LID）の戦略と実践を通じて雨水コストを削減するという報告書を発表した。この報告書は、低影響開発に焦点を当てたグリーンインフラの研究結果であった。

「いくつかの事例では、LIDプロジェクトの費用は、従来の雨水管理の実績よりも高かった。しかし、ほとんどの事例では、敷地のグレーディングと整地、雨水インフラ、敷地の舗装、造園コストの削減によって、大幅なコスト減少が達成された。LIDの手法を使用した場合の総資本コストの節約率は、LIDプロジェクトの費用が従来の雨水管理費用よりも高いことを除けば、15～80%の範囲であった」

事例　グリーンインフラ実施の検証

ルイジアナ州の場合：グリーンインフラによってコストを節約した

長年にわたり、ルイジアナ州セントポールのバトンルージュ高等学校は、不適切で老化した排水システムが原因による中庭での深刻な浸水に悩まされていた。改善しようにも排水システムを敷地に再配管する場合の見積もりは約50万ドルであった。そこで2008年にBROWN+DANOSというランドスケープ設計会社が、学校に降った雨のうち1インチ以上の量の降雨の場合には集水することで、老化した雨水排水システムへ雨が多量に流出しないように抑制する生物低湿地と雨の庭™を5エーカーの空間に設計した。設計と建設のコストとして約11万ドルがかかったが、学校は、このプロジェクトによって資本コストの削減を示されただけでなく、プロジェクトの実施後2年たっても、中庭が浸水を経験することはなかったという。

グリーンインフラのコスト効率は、多くの自治体のプログラムや研究を通じて実証されている。コスト効率とは、比較的低コストで利益がもたらされるかどうかを意味し、コストと利益は、コスト効率を評価する際に重要な要因となる。グリーンインフラは次の点で、グレーインフラよりもコスト効率がよい。

ルイジアナ州セントポールの流水池（出典：MLS）

- 自治体の飲料水供給における水質信頼性の増加
（水処理にかかるコストを低く抑えながら水質を向上させられる）
- 長期的に資本コストを削減させることのできる水質の予測可能性の増加
- システムの構成要素の摩耗低減による対水質投資の長寿命化の促進
- グリーンインフラを用いた構造物にはプレミア値が付与される傾向にあるため、「グリーン」な敷地の需要増と価格上昇による開発利益の増加（冷暖房コストの削減と開発に利用可能な面積が増加することで非雨水コストの削減も実現する）
- 洪水防止や地下水涵養などの公衆衛生に対する自治体の利益

全米ランドスケープアーキテクト協会（ASLA）によるグリーンインフラの調査

EPA は、グリーンインフラに関する情報収集作業の一環として、正常かつ持続的に雨水を管理しているプロジェクトの事例研究を収集することを全米ランドスケープアーキテクト協会（ASLA）に求めた。これに対し ASLA のメンバーから43の州とコロンビア特別区およびカナダによる合計479の事例研究が回答として挙げられた。これらプロジェクト事例は、政策立案者は、ランドスケープアーキテクチャーだけでなくグリーンインフラの政策も推進するべきであるという価値を示している。グリーンインフラおよび低影響開発（LID）のアプローチは、それまでのグレーインフラのプロジェクトよりも安価であり、年に何百万ドルも節約できるだけでなく、国家規模で水供給の質を向上させることができる。

表1　プロジェクトの種類

研究 / 教育機関の敷地	21.5%
オープンスペース / 公園	21.3%
その他	17.6%
交通回廊 / 道路	11.9%
商業地	8.6%
住宅一戸建	5.5%
政府複合体の敷地	4.2%
集合住宅地	3.7%
オープンスペース / ガーデン / 植物園	2.9%
混合使用地	1.8%
産業（工業）地	1.1%

表2　グリーンインフラの種類

既存の敷地の改修	50.7%
新規開発プロジェクト	30.7%
再開発プロジェクト	18.6%

表3　グリーンインフラを使うことでコストが増加したか？

コストは減少した	44.1%
コストに影響しなかった	31.4%
コストは増加した	24.5%

分析の前提

- 300人を超えるASLA会員またはその他のグリーンインフラの実践者が、43の州とコロンビア特別区およびカナダから479の事例を回答として寄せた。
- プロジェクトのうちの55％は地方条例を満たすように設計されていた。
- 地域の規制うちの88％は提出されたグリーンインフラ・プロジェクトを支持していた。
- プロジェクトのうちの68％は地元の公的資金を受けていた。

グリーンインフラはコストのかからない戦略

成功裏に実施されたグリーンインフラ・プロジェクトの事例は、コスト効率のよい戦略を行いながらも、雨水など水の水質規制目標を満たしている。グリーンインフラの設計と性能は一般に、グレーインフラ以上にコンテクストが固有である。それは、土壌・地形・水文条件に合わせて設計され建設されなければならないもので、地域の関心事や価値観に対応するために実施されるものである。グレーインフラの性能とグリーンインフラの性能を比較すると、グリーンインフラの方は総じて、経験的にだが以下の優位性を明らかにしている。

・建設資本コストの削減（設備、設置）
・運用コストの削減
・土地取得コストの削減
・修理およびメンテナンスコストの削減
・外部コスト（敷地外でかかるコスト）の削減
・投資の長寿命化の可能性

グリーンインフラのコストと利益評価を見ると、グレーインフラ戦略を基準としてそれと同等の規模の場合、総利益が総コストを上回ることが分かる。2007年のEPAの研究では、グリーンインフラ・プロジェクトのコストを同等のグレーインフラ・プロジェクトのコストと比較した場合（図3）、12件のグリーンインフラ・プロジェクトのうちの11件で、グリーンインフラ・プロジェクトの総コストの方が低くなった。EPAの研究はまた、自然の輸送システムへの依存が、雨水管理ネットワーク全体の構造的コストを著しく削減することも示した。他の構造物やランドスケープにグリーンインフラを組み込む場合も、雨水管理インフラ全体の設置面積を削減する。さらに、グリーンインフラは、洪水制御需要のような他のカテゴリの自治体コストについても同時に削減することができる。

なにをもってコストの比較をするのか

雨水の流出を規制するためには、水量制限のある雨水制御を行わなければならない。現場で雨水をとらえられるように自然の仕組みを模倣した装置で雨水を敷地へ浸透させることにより、雨水制御にかかるコストを低減、あるいは、使わず

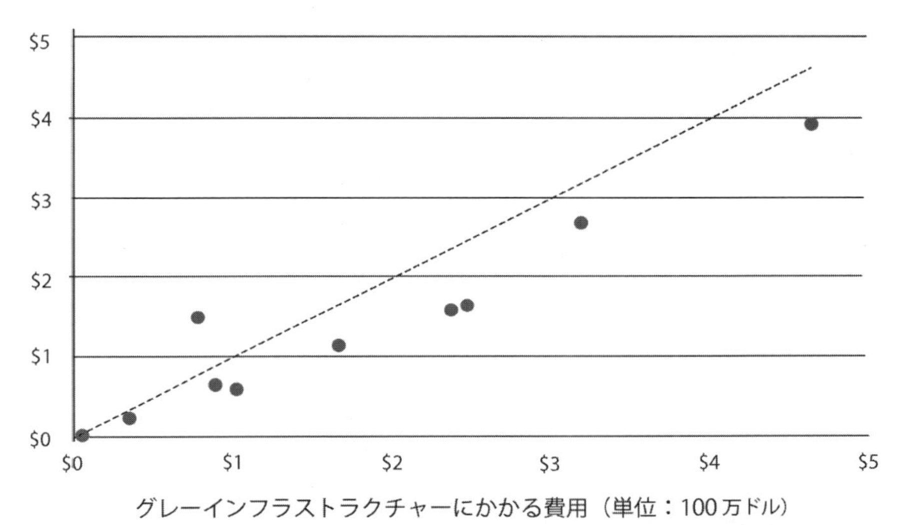

図3　グリーンインフラとグレーインフラのコストの比較（百万ドル）
EPAの2007 年次報告書から引用し、グリーンインフラ・プロジェクトのコストとグレーインフラ・プロジェクトのコスト（N= 12）について比較をしてみた（図3）ところ、図中の点線より下に位置するプロジェクトは、同等のプロジェクトの場合、グレーインフラのコストよりもグリーンインフラのコストの方が低いことが分かった。しかし、一つのプロジェクトの評価のみ、グレーインフラのコストよりもグリーンインフラのコストの方が高かった。

にすむ。グリーンインフラのコスト効率について最も直接的に評価する方法は、グリーンインフラの実践にかかるコストを、それよってグレーインフラの建設をせずに済んだために費やさずにすんだコストと比べることである。全米の主要都市での取り組みは、グリーンインフラがもたらす潜在的なコスト削減と性能利益を実証している。例えばシカゴでは、2009年に合流式下水道システムから雨水を7000万ガロン以上取り除くきっかけとなった。また、ニューヨーク市当局は、市の合流式下水道への雨水排出を削減するグリーンインフラ計画を提案している。彼らのこの計画は、単独で従来のグレーインフラに依存するのではなく、グレーとグリーンの両方のインフラに頼るように変えることで、20年間で15億ドルを節約できると見込んでいる。

他にも事例はある。ケンタッキーにある第一公衆衛生地区（SD 1 = Sanitation District No.1）はケンタッキー州北部の220平方マイルをカバーして

グリーンインフラを最大限取り入れている公園で遊ぶ子供。この公園は、雨水管理の面だけでなく都市のレクリエーション機会も提供する。

グリーンインフラを取り入れても、デザインや植物の選択によっては、外見上は一般の公園と区別がつきにくくなる。

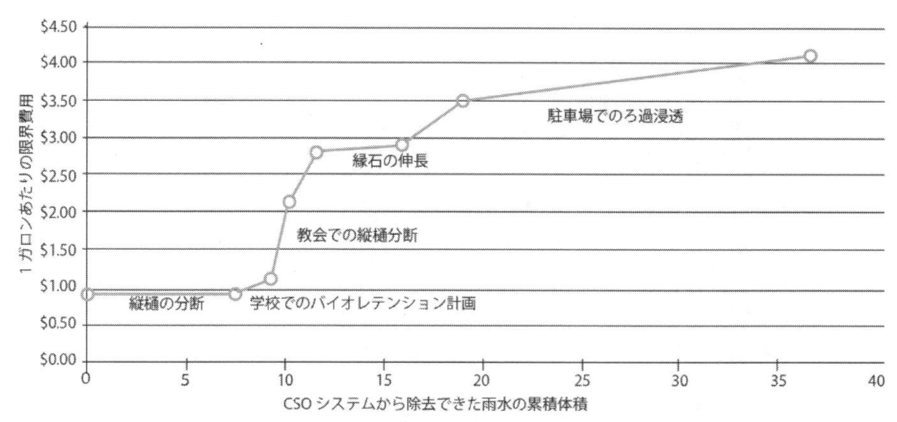

図4　様々なグレーとグリーンのインフラによって合流式下水道システムに流入せずにすんだ雨水の累積量（ポートランド：2010年）

いるが、合流式下水道のオーバーフローと衛生下水のオーバーフローを処理するために、2007年、行政命令に署名した。そして、それに準拠して開発された最初の計画は、もっぱらグレーインフラに依存していたが、それではコストがかかりすぎることが分かり、SD 1はその対策としてこの計画を8億ドル減らし、細菌や栄養素による汚染を減じることのできる流域ベースの計画を新しく策定しなおした。その計画には毎年、1220万ガロンは発生していた合流式下水道からのオーバーフロー負担を軽減するグリーンインフラ計画が含まれた。

また、オレゴン州ポートランドは、合流式下水道からのオーバーフローを削減する計画を用いた雨水管理として、グリーンとグレーの両方のインフラ・アプローチを統合した。コスト効率分析（指標として合流式下水道から削除できたオーバーフロー1ガロン当たりの限界コストを使用）では、縦樋の分断、縁石の伸長、植生湿地、浸透性の駐車場区画などが最もコスト効率のよい選択肢であると実証された（図4）。雨水1ガロンを減少させるのに、これらの選択肢にかかったコストは0.89ドルから4.08ドルであった。

オレゴン州ポートランドの雨水管理実践

オレゴン州ポートランドは、雨水管理にグリーンインフラの実践を統合する施策を実施して、常にこの業界で先導者の役割を果たして来た。雨の庭™という手法は、道路や駐車場からの雨水の表面流出をそのまま下水道へ流入させずに、

持続可能な雨水管理：自然環境では土壌や植物が雨を吸収する。しかし、道路や建物、駐車場などの地面を舗装で覆ってしまうと、これらの硬い表面に降った雨は土壌にも植物にも吸収されずに流出する。結果として流出した雨は、河川や河川に土砂や油脂などの汚染物質を運び、その土地や野生生物の生息地に害を及ぼす侵食や洪水の原因ともなっている。これを防ぐために写真のようなグリーンインフラの実践を行う。

縁石をカットした部分から雨の庭™の領域へと導き、そこで雨水をゆっくりと地面へ浸透させるものである。また、小規模でのグリーンインフラの実践とグレーインフラの実践を比較すると、そこにはまだコスト削減の機会が残っていたことに気づいた。図5は、従来の雨水貯留タンクと様々なグリーンインフラの実践とを比較して、人口密度の高い都市の合流式下水道（CSOs）へ流入する雨水を減らすための様々な選択肢のうちの一つの研究を示している。

この事例によれば、透水性舗装は合流式下水道から雨水を分離する方法の中では、削減する雨水の量的な面で最もコスト効率的な方法である。コスト効率の良さは透水性舗装がトップで、それから、ろ過浸透のための湿地と道路脇の水路の両方を兼ね備えるグリーンストリート、グリーンルーフの順番に続く。

広範なインフラのコスト

グリーンインフラによるコスト節約は、直接の雨水管理構造物のコスト節約を超えて、プロジェクト全体のコストについても広げることができる。シアトルの

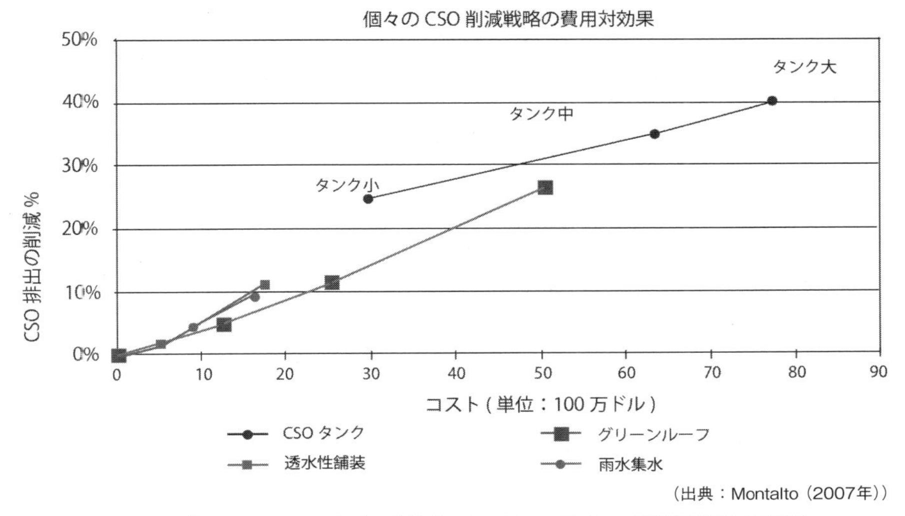

(出典：Montalto (2007年))

図5　グレーインフラおよびグリーンインフラの一般的選択肢の比較

グリーンストリートは、舗装材をなくすことを求め、舗装コストを49%削減した。このプロジェクト全体での節約は機会コストの削減へと拡張する。メリーランド州のサマセット分譲地とアーカンソーのギャップクリーク分譲地の双方では、雨水施設の必要性をなくすことで、それぞれ6件と17件の付加的分譲区画の開発を認めた。ニューハンプシャーのボールダー・ヒル・コンドミニアムの開発は、多孔質アスファルトなどのグリーンインフラを構成する材料を用いた。それにより道路は従来の開発よりも高価になったが、全体の建設コスト、特に、排水インフラと侵食制御、縁石などの分野については、従来の方法よりも安価となった。

運用とメンテナンスと予想寿命

グリーンインフラの実践を都市に取り入れるには、雨水システムだけではなくその運用とメンテナンス（O & M = operations and maintenance）の方法も変更する必要がある。正常にグリーンインフラを機能させるには、システム建設の時に自然のプロセスを利用することが前提として求められるが、それは、資本集約的で不定期なメンテナンスへの投資から全体的で頻繁だがあまり高価ではないメンテナンスへの投資という転換を意味している。グレーインフラのシステムは、設備や材料の摩耗に伴い経時的に運用コストと保守コストの増加が必要となるが、グリーンインフラのシステムは、植生の成熟に伴い地域の資源循環に適応する復原性と機能性が増加するよう設計されている。グリーンインフラという解決策は、インフラのライフサイクルと性能のレベルを拡張し、時間をかけてますます効果的になる。とはいえ、性能は適切に管理されなければすぐに損なわれてしまうことは留意すべきである。

柔軟で適応性のあるグリーンインフラの性質は、O & Mがこれらのシステムへの作業に専念した結果であり、増加する降水量や人口増加など変化する状況に弾力的に対応して、コミュニティの能力を高めてくれるものである。グリーンインフラは、同等のグレーインフラの設置と比べると、時間が経つにつれ著しく安価になる可能性を秘めているが、すべての他のインフラと同様、そのほとんどがハイ・レベルの機能を維持するための定期的なメンテナンスが必要となる。米国におけるグリーンインフラの使用は、過去10年間のみ加速しているために、運用コストと保守コストに関する長期データは限られたものである。また、グリー

ボールダー・ヒル・コンドミニアムの開発

ンインフラのＯ＆Ｍの予算と支出については、グレーインフラが実際の需要に遅れをとっているため、直接グリーンインフラの予算や支出と比較することは困難であると留意しなければならない。グリーンインフラの機能を保つことは、雨水管理者にとっては新しいメンテナンスパラダイムへのシフトであり、高資本で一時的なメンテナンス方法から低資本で定期的なメンテナンス計画への転換を求められることになる。

また、現場の美観やエネルギー使用量の削減など近隣の人々に対し直ちにもたらされる恩恵は、人々がメンテナンスに貢献しようとしたり、パートナーシップを検討したりするきっかけとなる。オレゴン州は、ポートランドの住民は、排水処理の負担を単に軽減するものよりも、近隣地区に風光明媚な景観など直接的な利益を提供する敷地での雨水プロジェクトに対し、喜んで投資する傾向があると報告した。また、ポートランドの住民への単独調査では、その半数以上が、グリーンインフラの植生を維持するのに負担金がかからないのならば、月に１～３時間自分の時間を費やすことをいとわないことが示された。そして、この２つの調査を組み合わせることで得られる教訓は、住民がグリーンインフラの価値を認識しているのならば、定期的なメンテナンスコストは、コミュニティの関与による恩恵の拡大化を通じて減少させることができるという点である。また、継続的にかかるコストも、グリーンインフラを選択することで回避可能なことが分かってきた。ニューハンプシャー州では多孔質舗装の孔に溜まった水が凍り、溶け、浸透することを繰り返す凍結融解サイクルによって、従来の舗装の上に氷の層を形成し、冬の塩化と除雪のコストを減らした。

同様のことは、ミシガン州アンアーバーでもあった。アンアーバーで透水性舗装を使った道路の改修工事からの報告では、透水性舗装は以前の舗装表面と比べて氷や雪の蓄積が少なく、その結果除雪や塩を撒く手間が少なくなったという。凍結融解サイクルの間、氷層では凍結ではなく溶けた水が舗装内部に浸透する。これのいい点は、水質を改善し、公共の道路維持費を節約し、転倒など公共の危険を減らすことである。

また、ロードアイランド州プロビデンスにあるナラガンセット湾では、67の民間融資による低影響開発のプロジェクトが、雨水の表面流出に弱い合流式下水道に対して、１年でほぼ900万ガロンの雨水の流入を防いだ。これにより、運用コストにして１ガロン当たり約0.006ドル（年間9000ドル）を節約することがで

スワンアイランド（オレゴン州ポートランド）

きた。また、オレゴン州ポートランドでは、グリーンインフラで水を管理することで、スワンアイランド地域内の合流式下水道のポンプステーションでくみ上げる水1ガロンあたり0.0002ドルという輸送コスト（年間10万ドル）を使わずにすませることができた。

コスト効率よく行われたシアトル市の道路の再構成

ワシントン州シアトルの自然排水プロジェクトは、自治体権限での公道の再建にグリーンインフラがコスト効率のよい方法であることを実証して、それを文書化した例である。このプロジェクトでは、車両と歩行者の両方に対する道路設備は維持しつつ美観を向上させる一方で、老朽化した公道の一部に、雨水の質を改善して流出量を削減するような雨水排水機能を組み込んだ改修を行っている。シアトル共益局のデータは、グリーンインフラを組み込んだ設計では、従来の設計での全建設コストよりも21万7253ドル少なく、1平方フィート当たり329ドル相当のコスト削減が得られたことを示している。

シアトル市の担当職員によれば、ブロードビュー（Broadview Green grid）とパインハースト（Pinehurst Green gird）の2つの道路におけるグリッドの再工事は、従来の方法と併せて、グリーンインフラを用いることに決定したという。グリーンインフラにはコスト競争力がある。もしグリーンインフラが完全に最初から設計施工へ組み込まれていたならば、数百万ドルを節約できたかもしれないという（グリーンインフラの導入はプロジェクトの初期ではなく、中期に行われ、それに伴い請負契約を変更する必要があった）。

シアトルの自然排水プロジェクト

ピュージェット湾を横切るワシントン州ブレマートン市は、その市街地の商業地区および住宅街の道路を再建するために連邦政府の陸上輸送に関する助成金を受けた。このプロジェクトは、老朽化した自治体インフラの再整備と、市街地全体にわたって自転車と歩行者の交通を改善するものであった。ブレマートン市は、グリーンインフラを、透水性舗装と浸透トレンチを用いて市の合流式下水道からのオーバーフロー問題を解決するための設計に統合した。

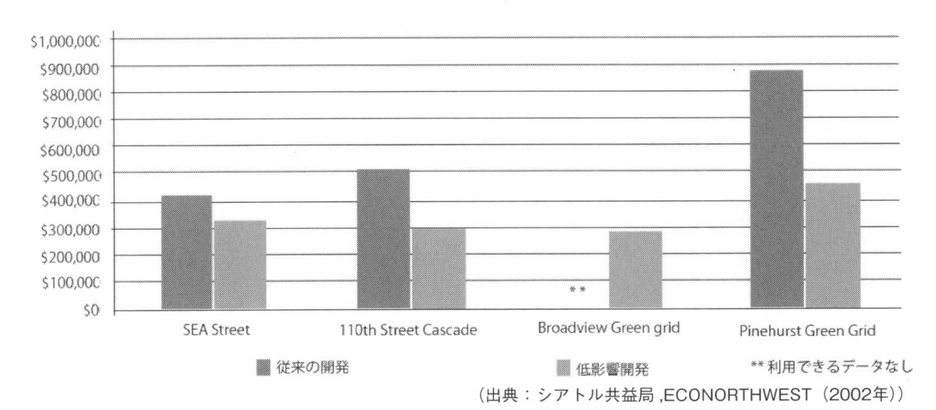

（出典：シアトル共益局 ,ECONORTHWEST（2002年））

図6　シアトル共益局による自然排水システムの分析

時間の経過とともにコスト効率は良くなる

グリーンインフラという方法は、従来の方法と比較すると時間が経つほどにコスト効率がよくなる。シカゴ市は、グリーンアレー（緑の路地）プログラムの経験から、透水性舗装、縦樋の分断、雨水タンクおよび植林への投資は、雨水管理における従来の方法への投資と比べると、投資金千ドル当たりで３～６倍以上投資効率がよいと推定している。なお、コストの見積もりは提供された技術の種類によって異なる。グリーンアレー・プログラムで透水性舗装の設置に費やされるコストは使用材料により変化するが、１平方フィート当たり0.10ドル～6.00ドルの範囲であり、その寿命は７～35年である。このコストは地元の洪水と雨水の集水、および処理などに使われるはずのコストを使わずにすんだことによって相殺される。グリーンアレーやグリーンストリート・プログラムからは、大抵、初期コストを上回る利益を得られる。

同様に、ミシガン州アンアーバー市では、市が採用した透水性舗装建設プロジェクトは、従来の道路工事事業に関連する全コストと比較すると、単に舗装し直すのではなく新設や再工事の規模ならば、競争力があると認識され採用されている。

まとめ

グリーンインフラは、そのコストと性能がグレーインフラよりもずっと大きく地域の状況に依存するが、それでもインフラのコスト削減とコスト効率を実現する数多くの機会を提供する。つまり、グリーンインフラは、従来の伝統的雨水技術の補完をし、従来の技術への依存度を減らしてくれる貴重かつ柔軟な方法である。一般に、インフラのコスト、利益およびその有効範囲は、地域の雨水管理者を弾力性のある手頃な価格の解決策へと結び付けるものであるが、その解決策は、グリーンインフラシステムとは限らず、時にはグレーシステムのみのこともあるため注意が必要である。また、植栽が成熟するにつれてグリーンインフラの有効性はＯ＆Ｍの要件を減少させるが、それは即効的なものではなく、伝統的なグレーインフラと比べると時間をかけて改善をしていく傾向がある。その他、グリーンインフラのコスト削減とコスト効率を考慮する際に覚えておくべき重要な事項は、以下のとおりである。

・建設費は従来のインフラのコストよりも低くすることができる

グリーンインフラ・プロジェクトの中にはしばしば、縁石や排水、雨水輸送管やタンクなどのプロジェクトの高価な材料を排除または削減することを可能にするものがある。また、グリーンルーフは従来の屋根よりも高価になることもあるが、ライフサイクルコストは時間と共に安くなる。材料によっては、グリーンインフラは従来のグレーインフラよりも高価になる場合もあるが、グリーンインフラは雨水管理需要全体を減少させるため、プロジェクトの総建設費を削減することができる。

・従来のインフラにかかるほどの継続的コストは不要である

従来のインフラが雨水の輸送、保守および運用にかけるコストは、雨水管理にグリーンインフラの自然システム機能を用いることで使わずにすむが、運用および保守コストの中には定期的に必要なコストやグリーンインフラ実践で従来とは違う新たに生まれるものもある。グリーンインフラは、適切なメンテナンスをした場合代替品を必要としなくなり、全体としてライフサイクルコストの削減につながる。そして、時間の経過とともにその設備は強化される。

・利益は総事業コスト効率以上である

グリーンインフラによるコストの削減は、空間要件やランドスケープ要件で生じるコストと、侵食、洪水、雪、氷などのプロジェクトの他の側面によって回避できたコストなど他の利益と組み合わせることができる。恐らくグリーンインフラを計画に統合する方法を学べば学ぶほど、これらのコストの優位性についてより一層、学ぶことになる。

第3節　エネルギーコストを削減する

エネルギー効率の増加

今日の経済ではエネルギーは金銭である。全米各地のコミュニティは、エネルギー消費量と支出を削減する方法を模索している。雨水流出の予防と管理のためのグリーンインフラの実践は、ますます高価になるエネルギー供給という事実に対して補完的な回復機能を提供しつつ、地方自治体が現在および将来のインフラコストを削減する手助けとなる。これらの節約は重要である。ある研究では、広範囲のグリーンインフラ実践をすることで、カリフォルニアでは年間電力120万MWh時を節約することがわかった。このエネルギーの節約量は、1年以上の間10万2000戸の一戸建て住宅に十分な電力を提供できる量に相当する。

グリーンインフラという手法は水質利益を生みだすだけでなく、エネルギー効率の測定可能な増加につながり、既存の水インフラと地元の住民・企業のための安全だが従来の送電網を減らす。米国では国と地域の両方でかなりの量のエネルギーが水を温め、処理し移動するのに使われている。実際、米国全土の上下水道は毎年、国内のエネルギー消費量の推定3％を担うほどに最もエネルギーを消費するものの一例である。そのような状況の下、グリーンインフラを使うことは、エネルギー利用をかなり減らすものである。特にグリーンルーフは、設置されると建物に断熱や日陰を提供し、暖房と冷房の両方のコスト需要を減らす。

街路樹は適切に配置されれば建物に影を落とし、蒸散による冷却作用を提供し、また、冬の風の遮断によって建物のエネルギー消費量に影響を与える。雨の庭™などの浸透機能は、地下水位によっては揚水の需要を減らすため、揚水に必要なエネルギーの量を減らすこともある。雨水の集水や再利用は、輸送と処理にかかる水道事業のエネルギー消費量を減らす。送電網と次世代の消費者および産業需要が発達するにつれて、グリーンインフラの実践は電力需要を減らすため、破壊的な停電や電圧低下のリスクを軽減し、地方自治体が他の重要な投資へと資源を割けるようにし、コミュニティの回復力に大きく貢献することができる。米国がワシントン、ニューヨークをはじめとした都市から得た教訓は明白である 。つまり、社会にグリーンルーフや都市林、街路樹などを追加すると、それらは水質を向上させる解決策を提供するだけでなく、国のエネルギーコストを数十億ドル単位で削減する助けになるということである。

グリーンインフラという解決策はエネルギーコストを削減する。写真はワシントンD.C.にある全米ランドスケープアーキテクト協会（ASLA）の本部ビルである。屋上のグリーンルーフによって建物の室内は涼しく保たれている。2006年に全米ランドスケープアーキテクト協会は、ワシントンD.C.にある本部ビルの既存屋根を写真のようなマイケル・バン・ボールクンバーグ社によって設計されたグリーンルーフに造り替えた。グリーンルーフは、大気の質の改善や雨水流出がその区域の既に負担がかかっている合流式下水道へ入り込むのを妨げるなどの無数の環境利益を提供する。ASLAのグリーンルーフは、その場に降った年間降水量の約80％を保持する。そして、流域に入り込む窒素の量を減少させる。さらに、建物に対して絶縁層を提供し、冬の数カ月の間に建物によるエネルギー消費を10％ほど引き下げた。屋根それ自体の温度は、近隣における通常の黒い屋根よりも15℃涼しくなった。

グリーンルーフ

グリーンルーフには、ヨーロッパで成功した長い歴史があるが、米国では未だ

全米ランドスケープアーキテクト協会（ASLA）本部ビルの屋上

見聞が成長している時期である。特に米国では、新しい雨水規制と増加するエネルギーコストの両方に対応する技術が望まれている。また、既存の構造的考察の中には、古い建物へのグリーンルーフの設置は抑制すべきといったものもあるが、そうした事例の場合、通常は実行可能で魅力的な他の選択肢が残されている。米国の市当局の中には、グリーンルーフは表面流出水が合流式下水管や汚水管へ流れ込むのを減らすのに必要なすべての作業を行っているとその価値を認めたところもある。オレゴン州ポートランドのエコルーフ・プロジェクトでは、ビル所有者と開発業者にグリーンルーフの設置1平方フィートにつき5ドルまでのインセンティブ（報奨金）を提供している。

ポートランドでは2011年に288件のグリーンルーフが設置され、その総面積は約14エーカーにも及んでいるが、2013年までには43エーカー程度までグリーンルーフが増えた。他方、国の反対側にあるフィラデルフィアでは、市の合流式下水道を圧倒する雨水流出を減らすための大規模計画の中で、グリーンルーフの役割を強調した。フィラデルフィアは、グリーンルーフにかかるコストの25%、最大で10万ドルまでのリベートを提供する。シラキュース、ニューヨーク、ワ

オレゴン州ポートランドのエベレットストリーにあるのグリーンルーフ（2012年）

シントンD.C.とシカゴでは、開発業者と都市計画家が、複数の環境的または経済的優位性を理由にグリーンルーフを自らの計画に統合した。

グリーンルーフはまた、地域の水路への汚染雨水の流入を防ぎ維持することに加え、従来の屋根ふき技術と比較して建物のエネルギー効率を向上させる。グリーンルーフの植物は太陽放射の吸収と熱伝導を低下させるため、実質的に室内の暖房と冷房用の年間エネルギー消費量を減らすことができる。グリーンルーフは夏、黒い屋根よりも平均すると15.5度涼しい。トロントの研究では、最小限の植生を持つ2つのグリーンルーフはピーク時の夏の屋根膜の温度を1.7度下げ、屋根を通した夏のヒートフロー（熱の流れ）を従来の屋根と比べたらそれぞれ70％と90％まで下げ、実質的に冷却用のエネルギー需要を減少させることがわかった。セントラルフロリダ大学で行われた研究によれば、グリーンルーフの最大日平均温度は33度だったのに対し、従来の屋根表面の最大日平均温度は54度で、グリーンルーフの屋根表面の温度の方が従来の屋根のそれより低いことがわかった。この温度を低下させる効果は、都市周辺の気温を下げることで価値を持っているが、それらはまた、直接的に室内の冷暖房コストを低く抑える。

グリーンルーフの詳細な研究は、地方規模でも米国全体でも気候帯ごとになされていて、いずれも、かなりの潜在的利益を示している。例えば、北部の気候下では、高温となる植物の成育期は極端に短いが、建物ははっきりとグリーンルーフのエネルギーがもたらす利益を示す。最近の研究では、典型的商用規模のグリーンルーフが、年に650ドルの冷房コストの節約を示した。シカゴはグリーンルーフ運動の先駆者であり郡や市の庁舎の建物の半分にグリーンルーフを設置しているが、それは年に3600ドルの省エネ効果をもたらすと推定されている。この伝統に従いシカゴ航空局は、管理する地元の空港での持続可能性のキャンペーンに乗り出し、取り組みの一環として、2011年までにオヘア空港、ミッドウェイ空港で12のグリーンルーフの設置を数え、100万平方フィートの４分の１以上をカバーすることを達成している。オヘア空港のフェデックスのメインソーティング施設にあるグリーンルーフは、ほぼ17万5000平方フィートをカバーし、毎年約200万ガロンの雨水流出を捉えて、会社に年間推定3万5000ドルのエネルギーコストの節約をもたらしている。

これらのエネルギーの節約は、モデル化された結果や他の経験と一致している。カナダのモデルは、グリーンルーフが総冷房エネルギーの６％と総暖房エネルギーの10％の削減をできると推定している。カリフォルニア州サンタバーバラの温暖な気候では、同じモデルが冷房コストの削減をさらに10％増加させた。別の分析では、従来の屋根における2006年のドル換算でのエネルギーコストに基づいて、一階建ての商業施設でグリーンルーフを使うと、そのグリーンルーフ一つにつき710ドルの節約ができるとしている。

メリーランド州ボルチモアのマーシー医療センター（写真）にある新しく作られたメアリーキャサリン・バンディングセンターは、1万7500平方フィートのグリーンルーフを設置したが、15％のエネルギーコストの削減だけでなく患者、家族、スタッフ向けの回復推進の庭園としての役割も期待されている。同様に、ミネアポリスのターゲットセンターアリーナにあるグリーンルーフは、11万3000平方フィートを網羅しており、毎年約１万ガロンの雨水流出を受け取ることで年間のエネルギー消費量を金額に換算して30万ドル削減している。暖房と冷房の需要は地域によって異なるが、グリーンルーフの経験事例には一貫性があるため、結局のところ、グリーンルーフを選択すると、伝統的な屋根に対してかなりのエネルギー節約になることがわかる。この直接的な経済効果は、建物を新

メリーランド州ボルチモアのマーシー医療センターにあるメアリーキャサリン・バンディングセンター

規建設する際にグリーンルーフの設置をますます有利な選択肢とさせるが、それ以外にも屋根寿命の延命というグリーンルーフの利点があり、これらが相まって既存の構造物についても換装を促すものである。

グリーンルーフによるエネルギーの節約は地域レベルで有意なだけでなく、同様に、国家規模にも適用できる。2035年までに米国の商業用不動産は110万平方フィートになり、2003年度と比べて54%増加するだろうと言われている。米国海洋大気庁（NOAA）による冷暖房のデータを使用して、これらの新しい屋根のモデリングをすると、グリーンルーフが2003年以降の新しい構造体すべての上に構築された場合、敷地の所有者は企業、個人にかかわらず、年間で合計すると約950億ドルかかる冷暖房費と屋根の交換コストを使わずに節約できることが示された。2006年の米国における商業用および産業用のエネルギー消費にかかるコストは全体で2023億ドルであり、そのうちのおよそ50%が室内の暖房や照明のためのものであった。この分野でのエネルギー消費量は年に約１%増えている一方で、グリーンルーフが広範囲に実装されれば、年間で約７～10%の室内のエネルギー消費量を削減する能力があるため、米国経済は年間で70～100億

幾何学的に規則正しく植えられた植栽が清潔な印象を与える。また、管理もしやすい。

ドルを節約することになる。

グリーンルーフとグリーンの仕事

グリーンルーフはまた、雨水管理と省エネルギー以外にも社会に経済利益を提供する。グリーンルーフの大規模な設計、建設、運用は、雇用機会を増やし、都市部における失業や不完全雇用を減らす可能性がある。米国の中〜大都市で大きな建物の１％がグリーンルーフを備えたとすると、それだけで19万人の雇用を生み出し、グリーンルーフ関連の材料を製造または供給するメーカーの売上高は数十億ドルにもなる。水効率化プロジェクトへの100億ドルの投資は合計で250〜280億ドルの経済出力を生成し、15万〜22万件の雇用を生みだすことになる。そして、共同職業訓練や職業紹介プログラムを通じて、これらの新たな雇用はさらに地域経済を刺激する可能性がある。たとえば、ニューヨークの非営利団体「持続可能なサウスブロンクス」（上の写真）は、グリーンルーフの設置およびブラウンフィールド（汚染地）浄化のためのトレーニングを提供している。団体はこのトレーニングに先立って、ほぼすべての生徒が公的支援を受けており、残りの半分は刑務所の記録を持っていたことを公表している。卒業生の進路は、85％は給料のいい安定した雇用についたままだという。

街路樹

グリーンルーフの他に、都市部での一般的なグリーンインフラ実践として街路樹がある。街路樹は、道路、歩道、駐車場からの雨水の流出水を保持するのに役立っている。下草とともに植える場合は特に、樹木の葉と根と下草で雨を吸収することによって雨水流出を減らす。これは重要である。ニューヨーク市は、街路樹単独での雨水流出削減効果で、推定3600万ドルの年間利益を算出している。また、街路樹は、より広い意味では都市林業の一環として機能するので、都市の活性化にも役立つ。建物の隣や歩道に沿って植えたり、あるいは道路脇への植樹を慎重に設計したりする都市森林イニシアチブは、著しい雨水流出の削減と大気の質の改善の両方を与えてくれる。

エネルギー需要の削減

降った場所で雨水を集めて浸透させるグリーンインフラの実践は、飲料水と排水を汲み上げて処理する際に必要なエネルギーの量を減らすことで、エネルギー消費を節約する。全米では、温水処理や水供給のためのポンプなどの水に関連するエネルギー利用として、電力生産量の13％以上、コストに換算すると少なくとも40億ドルを消費している。現場で雨を捕捉して自然のプロセスを介してそれを処理するグリーンインフラは、このエネルギー利用の一部を減らすことができる。例えば、地域の水供給を強化するために地下水が涵養するよう雨水の浸透を促進するならば、遠い水源から水を輸送するのに必要なエネルギーを使わなくてすむようになる。地下水を人間が色々な用途に利用できるまでに費やす時間規模は異なるが、グリーンインフラによるバイオレテンション実践は、地域において地下水の涵養を向上させることができる。

矛盾したエネルギーコストのばらつきは、グリーンインフラの地球規模でのエネルギー利益を算出するのを困難にさせる。しかし、かなりの地域の例が、ほとんどの場合にエネルギー需要の節約が可能なことを示している。例えばロサンゼルスでは、ロサンゼルス郡全体でグリーンインフラの実践が増加したことにより、地下水の涵養に大幅に寄与したという。それによって2030年までに毎年、15万2500エーカー・フィートの水を輸入するコストを節約できる。これは市が、エネルギーコストにおいて最大で42万8千 MWh を節約することになり、それは2万～6万4800世帯の電気使用量に相当する。電気代は通常5.4セント／kWh であるので、ロサンゼルス市は毎年グリーンインフラによって、2311万2000ドルを節約できるのである。

雨水樽や雨水タンクなどによる雨水集水や再利用は、高度に処理された飲料水

©MetroList

サクラメント市立ユーティリティ地区の街路樹

を屋外その他の非飲用用途で使用する需要をなくすことで、エネルギー使用量を減らす。

イリノイ州オーロラでの研究によれば、ここの水道事業局には水処理100万ガロン当たり1300kWが必要であることがわかった。電気料金は1kW当たり5.8セントで、これを100万ガロンに換算すると75ドル以上、または、市の水処理事業の36.5MGD（百万ガロン/日）という容量が節約でき、日に2752.10ドルと換算される。雨の集水と再利用についてコミュニティ全体が重点を置けば、著しくこの財政負担を削減できるのである。さらに劇的なのは南カリフォルニアにおいてであり、この地域の住民に対する水の輸送、処理および供給のために使用されるエネルギーは、100万ガロン当たり1万2700 kWhになる。しかし、グリーンインフラを介してこれら輸送と設置のエネルギーコストを削減すれば、大幅なコスト削減を提供することになる。

米国では屋外での水利用は多くの場合、夏の家庭用水の大半を占めるため、雨水を飲用水レベルの水質を持つ水の代替にすれば、水とエネルギーを節約することになる。米国の水消費量の約30％は、灌水その他の屋外の用途のために使用されている。多くの場合、産業プロセス、灌水、トイレの水などに使用する水は、雨水で置き換えることができる。テキサスＡ＆Ｍ大学の雨水集水システムの使用におけるフィージビリティの研究は、キャンパス内の113棟の建物に43の雨水利用システムを設置することによって、年間で節約できる潜在的なコストは40万６千ドルであることを明らかにした。ニューヨーク市のソラーレ（The Solaire）ビルは、最大１万ガロンの雨を集水し、灌水や冷房に再利用している。トイレ、灌水、冷房に水を供給する汚水と雨水の再利用システムを備えた建物は、同じようなサイズの伝統的な建物に比べて、飲用水の使用を50％削減している。グリーンインフラの実践は、灌水などの非飲料用途に雨水を使用することによって、雨水の処理コスト同様、飲料水の非飲用に対する需要を回避できたコストの分も、コミュニティにおいて節約することができる。

まとめ

グリーンインフラ実践は、人工物でありながら自然の水文学的機能を造ることで水を集め、植生の使用を増やし、劇的にエネルギー消費量を減らすことができる。グリーンルーフ、街路樹、都市緑地が増えると、暖房と冷房の需要を減少させることによって個々の建物のエネルギー効率をよりよくする。近隣のコミュニティレベルでは、これらの技術によって提供される陰影や断熱は、夏の間、室内空間を冷却するのに必要なエネルギーを低減し、都市のヒートアイランド効果を緩和する。また、雨水を集水して再利用することにより、景観への灌水やトイレの洗浄、その他の工業用途に飲料水を使う需要を減らす。次いでこれは、飲料水を提供するための輸送、処理、末端まで届けるための地方自治体やユーティリティ（共益）の支出を減らすことができる。つまり、グリーンインフラの実践は、水量や水質の改善という雨水管理のためだけに機能するのではなく、冷暖房と水処理全体のコストにおいてエネルギーコストを削減する上で、重要な役割を果たすことができるのである。

第４節　洪水損失と関連コストを削減する

洪水は米国で最も頻繁に発生し、最も大きな規模で犠牲を生みだす自然災害であり、1900年以降１万人を超える死者をもたらし、国中の地域経済を著しく混乱させてきた。この混乱は着実に、住民や企業や自治体に課すコストを増加させている。米国の雑誌『気候ジャーナル』に発表された2000年の研究によれば、米国の年間洪水損失は、1940年の10億ドルから1990年代の50億ドルへとインフレの影響を加味しても増加していることがわかった。2001年には、全国での洪水被害は71億ドルに達している。しかし、これらの数字は重要ではあるが、実際の支出との比較による検証もされておらず、また、頻繁に報告されずに終わる小さな洪水の損害賠償は含まないため、この数字は実際の洪水被害を過小評価している可能性がある。

従来の雨水管理の方法は、雨水流出量のピークフローを減らすためではなく、雨水流出を敷地や近隣地区から拘留施設に素早く移動させることに関心を割いていた。しかしこの雨水管理手法は、下流での洪水を悪化させるという累積的な影響を下流にもたらした。このため、現在地方自治体でのグリーンインフラの実践は、それまでの伝統的な方法とは異なり、現場の敷地で降水量を管理し、地域の雨水下水道や水路の負荷を軽減し、実行可能でコスト効率のよい代替手段を提供するものと認識され始めている。グリーンインフラによるこの種の問題の解決は、局地的な洪水を減らすことができるだけでなく、明らかに、伝統的なグレーインフラでは解決できない下流への悪影響も減らすことができる。グリーンインフラならばグレーインフラを使う場合とは異なり、水文学的な利益だけでなく、前述のようにはるかに低コストで一般的に非常に目に見える形である緑道や公園などの計画やリニューアルプロジェクトへの投資として、その解決策をコミュニティへ組み込むことができる。

洪水は一般に、局地的な洪水、河川で発生する洪水、海岸で発生する洪水の３つに分類できる。

局地的な洪水は、雨水管や輸送システムへ入る前の雨水が流出することで引き起こされる。それは、雨水流出量の増加と都市化や不浸透性領域の増加に起因して増加した管渠のピーク流量に対応するために、伝統的には、雨水管や輸送システムの水力容量を増加させることで対処されてきた排水問題である。

河川の氾濫は、自然のフローが川の主要流路や主要域の運搬能力を超えた時、川の土手を越えて水が河川以外の場所に殺到した時に発生する。

沿岸部での洪水は、高潮の結果として水に浸かっている時に発生する。最もよくあるのは、海の水が熱帯低気圧や潮の満ち引きによって動くことで、ごく稀に地震が原因で津波のように駆動することがある。

都市化による洪水損失の増加

街の景観は、過去1世紀以上にわたって進んだ都市化により、自然の景観から道路、車道、駐車場、歩道、屋根などのハードスケープつまり不浸透性地表面の増加したものへと着実にシフトした。この不浸透性の材料が地表面を被覆したことによる影響は、直接の雨水流出量や流速を増加させただけでなく、都市と開発中の流域での頻繁な洪水の実質的増加に相関している。

ある研究は、不浸透性領域の面積が流域全体の25％まで増加したとき、ワシントンD.C.のメリーランド郊外の流域では、100年に一度発生する洪水の頻度が5年に一度発生する洪水へと変化すると推測する。同様に、同じ流域中で全体面積の65％が不浸透性の領域になったならば、この洪水は5年に一度ではなく毎年発生することになるという。ある研究者は、メリーランド州のアナコスティア川東北部における毎秒1000立方フィートを超える日常排水の頻度は、1940年代と1950年代には年に1回か2回であったのに対し、1990年代にそこが都市部と郊外開発へ転換した結果、年に6回も同様の排水量に達し、排出頻度が増加したと指摘した。ピークフローとピーク期間の両方が増加したのは、5％から10％へ不浸透性面積が増えたことなどの流域開発の適度な増加にも起因する。南カリフォルニアの研究者は、流域において不浸透性の領域が5％増えると2年間のピークフローが5％の増加を示し、10％増えると2倍に増加し、20％増えると5倍に増加することを示した。そして、不浸透性の領域が5％増えると最大で25％流域へ流れ込む流量が増加し、10％増えると最大で60％増加し、20％増えると最大で160％増加した。このように都市化の結果として雨水の表面流出が増加するが、それは、より頻繁でより大量の洪水の発生につながり、河川水路の侵食を著しく進めてしまう。

侵食性の川の最大流量が相対的に増加すると、多くの場合、河川水路を侵食して敷地やインフラを弱体化させ、小さな豪雨でも下流にかなりの量の土砂を運ぶことになる。この小さいが侵食性のある降雨事象の範囲は、都市部では0.5年降雨から1.5年降雨であるが、時間が経つにつれて、これらの小規模だが頻繁な豪雨によって累積した影響は河道侵食に十分なエネルギーを運び、多くの場合、過去に大洪水で受けた被害よりもずっと大きい被害を発生させてしまう。小さい豪雨で被害を受ける可能性は事実上、ピーク流出量を削減するグリーンインフラによる管理戦略を採用するための一つの動機づけとなる。

実際、連邦緊急事態管理庁（FEMA）は、氾濫原として指定されていない地域で発生する洪水や都市洪水の結果として生じる経済損失を25%と推定する。米国では1978年から、国家洪水保険計画（NFIP）が、局所洪水に関連した請求に、28億ドル以上を払ってきた。洪水はコミュニティのインフラや公有地、私有地に対して広範囲の損害をもたらす。例えば、2011年6月にモンタナで起きた洪水は、州全体の公共インフラへ推定860万ドルの損害を引き起こしたが、被害金額は今後も上昇し続けると予想される。アリゾナ州ツーソンでの1983年の洪水は246フィートまでの水路の拡大をもたらしたが、100年氾濫原と500年氾濫原の外側に指定された土地で水路が崩壊し、被害総額1.05億ドルをもたらした。国立協同道路研究プログラム（NCHRP）の報告書は、1993年のミシシッピ川沿いの洪水で連邦政府が援助して高速道路上の2000を超える損傷部位を修復するには、1.58億ドル以上のコストがかかると推定した。

ビジネスの混乱、所得や税収の損失、敷地の資産価値の低下、輸送遅延の損失などはすべて、洪水被害を受けたコミュニティに追加的な経済負担をかける。ジョージア州コブ郡では大洪水の1年後に、一般的鑑定で敷地の市場価値は6.9%押し下げられた。郡の住民税ダイジェストー政府が税収を推定し予算を決定するために使用する不動産と財産の価値ーは、2010年に10%または50億ドル減少している。洪水はまた、個人やコミュニティの苦痛と苦難を通してコミュニティの環境的および社会的側面にも影響を与え、病気の蔓延を介して公衆の健康に負の影響を与える。

全米の多くの地域が定期的にこのような洪水の影響を経験しており、そのためのコストを回避または軽減できるような改善措置を必要としている。グリーンインフラの実践は、自然水文機能のあるランドスケープを複製することによって、土地利用と水資源の関係を扱う。浸透、蒸発散などのグリーンインフラによる現場管理から生じる利益は、洪水のリスクとそれに関連した経済損失を軽減し、雨水流出量を軽減する処置を提供できる。

治水調整管理におけるグリーンインフラの役割

従来の雨水管理は、現場での洪水リスクを減らすために雨水を敷地から可能な限り迅速に除去することに注力してきた。しかしこの方法は、豪雨によって生じる雨水の流出と総排出の量を増加させ、多くの場合、地方自治体や公共のインフラに被害を与え、急な雨のフローによる侵食を引き起こす。そして、それにより、下流にあるコミュニティも破壊することが明らかになった。また、都市の河川で起こる洪水は頻繁に、道路、橋、および他の公共インフラへの継続的な脅威を生み、水路と河岸の侵食を増大させてしまう。他方、グリーンインフラの技術は、浸透、蒸発散、および雨水の有効利用を介して、雨が降った場所から過剰に流出するのを削減することに重点を置いている。最も一般的なシステムでは、米国のほとんどのコミュニティで毎年発生する豪雨の90～95%から生じる表面流出を集水し、浸透させることを目標としている。これは、より小さくより頻繁な降雨からの流出水量を減らす記録を更新中であり、頻度の低い大豪雨は処理の対象としていないのであるが、研究によっては、グリーンインフラは大豪雨の管理にも役立つ可能性が示唆されている。

グリーンインフラの技術は、雨の庭™から復元された湿地帯まで、潜在的に高頻度降雨以上の降雨を管理するのに役立つ。そして、強化された水質処置を提供する拘留ベースの雨水管理方法と同等、あるいはそれ以上の制御を、小豪雨で発生する洪水に対しても提供することができる。

事例　オハイオ州におけるグリーンインフラと洪水制御

オハイオ州カイヤホガフォールズは、反復的な洪水に苦しむ近隣地区にある洪水で被害を受けた4つの居住用不動産を取得するために、FEMAの資金を使用した。市は構造物を壊し、新しく造成したオープンスペースの一部を地域の局地的な洪水軽減のために一連の雨の庭™へ組み込んだ。

グリーンインフラによる治水調整利益

グリーンインフラの実践は、制御したい洪水の大きさに応じて様々な利益を提供する。治水管理に使用される一般的な実践には、グリーンルーフ、バイオレテンション、湿地と浸透域、浸透トレンチ（浸透マスの一種）などがある。どれも局地的な洪水に最も効果的であるが、流出した雨水を集めるだけで、大規模河川の洪水が及ぼす影響を著しく減らすことができる。流域規模で発生する洪水を防ぐグリーンインフラの効果についての最近の研究では、グリーンインフラは、より頻繁な豪雨に対して顕著な減損を提供するのに有効な手法であるが、まれにくる大豪雨（台風）のピークフローに対しても被害を減少させることを示唆している。様々な規模で洪水に対処するグリーンインフラの能力は、平均年次ベースでの洪水損失や損害の大幅な削減につながっている。

局地洪水の制御

小規模な都市の流域内で生じた雨水流出量とピーク流量を最小限に抑えることにより、都市型洪水を軽減することができる。これが明白であると示唆された一

カイヤホガフォールズのシェラトン・スイート内の川沿いの窓から川の急流を見下ろす。

例に、排水や雨水管理の長期的戦略の一環として、グリーンインフラを実装するよう計画されたサンフランシスコの下水道マスタープランがある。この計画は、近隣地区にグリーンインフラを統合して雨水管理のために既存の緑地を活用することで、洪水とCSOsの削減が可能なプロジェクトの識別と優先順位付けをできるようにした。これによって進行させたプロジェクトの一つが、市の水害常襲地帯に位置するニューカムアベニューの一区画の改修計画で、それにはポケットパーク、透水性舗装、街路樹、雨水貯留などが含まれている。

河川氾濫への対策

グリーンインフラを用いて河川の氾濫に対処するもう一つの方法は、洪水が発生しやすい地域に沿って行ったグリーン開発を通じて、川と氾濫原を復元することである。カンザス州ジョンソン郡は、過去にチャグリン川沿いでひどい洪水を経験しており、従来の治水事業に1.2億ドル出すよりは、河岸の後退と公園システムを開発するために60万ドルを支出することにした。そして、河川に適切に隣接した「緑」の氾濫原を復元して洪水を減衰させ、雨の貯留輸送を提供することで、コミュニティの洪水を軽減することができた。

沿岸洪水への対策

砂丘システムにとって、自然発生の「グリーンインフラ」(生きている海岸線)として認められている塩性湿地は、水の貯留および保全領域となって海岸の侵食を抑制し、沿岸での洪水を軽減するのに役立つ。サンフランシスコ地区のサウスベイ塩湖再生事業は西海岸で最大の干潟再生事業であり、干潟と管理された池という生息地のモザイク状態の1万5100エーカーの土地で変革が進められている。また、復元プロジェクトの一環として、湿地、自然石、海岸の縁に沿って作成されて保護戦略の構成要素として使用される、丈夫な植物群による「生きている海岸線」が、サンフランシスコ湾の河口で検討されている。

気候変動・洪水とグリーンインフラ

地球規模の気候変動は、おそらくすべての形態の洪水に影響を与える。気候変動の専門家は、来世紀にわたって都市は降水量と気温と海面上昇を効果的に管理することを余儀なくされると予測している。例えば、洪水や干ばつは全米で増加することが予想される。これは大きなストレスとなり、すでにあるインフラシステムを歪ませることになる。グリーンインフラは、単に「物理的なインフラ」に焦点を当てるのではなく、「都市部と農村部で影響を吸収または制御する自然の能力と協力して」気候変動に適応しそれを緩和するのに重要な役割を果たす、柔軟で回復力のあるアプローチである。また、適応性に優れているため、変わりやすい気候条件が増加してもそれに合わせて容易に変化することができる。

沿岸部での気候変動への適応

合流式下水道からのオーバーフロー（CSOs）と低地領域での洪水の発生について懸念を抱くコミュニティは、この問題の解決策としてのグリーンインフラへ関心を抱くことがある。例えばサンフランシスコは、2004年の洪水で著しい被害を経験した後、下水道マスタープランにグリーンインフラ計画を統合し始めた。サンフランシスコは、グレーインフラによる解決策とブレンドして統合した新しい流域管理戦略に頼る。このために新しい雨水条例と現場管理基準を採用しており、４つの小川をデイライト（コンクリートなどの蓋で覆わずに河川を陽の下にオープンに）したことで、潜在的な洪水低減効果を評価し、積極的に「よりよい街」改修プログラムを採用している。この方法はまとめると、大幅に雨水量を削減し、将来の洪水を最小化し、街を沿岸の気候変動の影響に対してより回復力のあるものとするのに役立った。

経済利益

グリーンインフラの経済利益は、洪水や土地開発へ低影響開発（LID）の手法を使用することにより、雨水管理と排水インフラを構築するコストの削減に起因する被害の減少との組合せとして定量化することができる。この方法には、より高密度のクラスター開発と現場の不浸透性被覆の限定使用によるコストの削減が含まれている。それは、掘削面積の減少と発生する雨水流出の減少につながる。単独でこの方法を使用すると、縁石・側溝・樋・入口・集水池・パイプ・拘留池や滞留池のような従来の排水インフラと雨水管理実践の規模と範囲の削減につながる。浸透ベースのグリーンインフラの実践を組み合わせた場合、雨水インフラの需要はさらに減少する。それは、従来の土地開発や従来の雨水管理方法から大幅なコスト削減を達成する。

EPAは具体例に言及するために、グリーンインフラを含む開発の事例研究を要約した報告書を最近公表した。ほとんどの事例で、著しい節約が、敷地の土工事と準備、雨水インフラ、敷地舗装とランドスケープに対して達成されている。研究は、グリーンインフラを使った時、そのコストが従来の雨水管理コストよりも高かった例外を除き、資本コストの削減には15%から80%まで幅があったとしている。さらに、換算できなかった利益があるとも推測している。

利益の要因

美観の向上、レクリエーション機会の増加、資産価値の上昇など、区画とオープンスペースの近接性は開発の総数を増加させ、市場でより速く売り切れるようにさせ、長期的運用・保守のコストを削減し、インフラの再生または交換によるライフサイクルコストを削減する。また、ある研究は、コンテクストからこれらの節約を定量化しようとした。従来の雨水輸送システムは一般に1リニアフィート当たり40ドルから50ドルの範囲のコストであり、1マイルの縁石とカットした部分を排除すると、約23万ドルを節約することができることを示した。既存のインフラを撤去するというレンズを通してコストの削減だけをシンプルに見ることはできないが、水の質と量の処理に対しては、依然として排水インフラを排除するか最小限に抑えることが求められる。この処理にはコストがかかるからである。ニューハンプシャー州立大学にある雨水センターは、低影響開発（LID）とグリーンインフラの実装を介して提供された革新的な水質と水量の処理の後に、インフラの削減による2つの節約例を示した。また、ボルダーヒルズはニューハンプシャー州の住宅開発（次頁写真）であるが、この施工コストは同じプロジェクト内の住宅区画を追加的に増やしつつも、「ゼロ」排出敷地を低影響開発の手法とグリーンインフラにて造った結果、6%の施工コストを削減したと論じられた。また、グリーンランドメドウズにある商業大規模店舗の敷地は、排水口と配管の数を制限して透水性アスファルトと人工湿地を用いた結果、総建設費の10%に当たる約100万ドルを削減することができた。こちらの場合は、従来の処理技術の上に、強化された雨水管理実践を行っている。

イリノイ州の洪水を低減

イリノイ州シカゴの西に位置するブラックベリー・クリーク流域は、南中央ケー

©2017 Microsoft Corporation

ボルダーヒルズの住宅開発プロジェクト

ン郡と北中部ケンドール郡の73平方マイルの流域で雨水が流出する都市化された地域である。『保全開発における下流の経済利益』という領域研究報告書は、従来のグレーインフラとグリーンインフラの手法をモデル化し、研究対象地域の小川ネットワーク中を流れる雨水流をシミュレートした。その結果、著者たちは、グリーンインフラは流出した雨水の貯留を増やし、100年洪水で約25％、50年洪水で約22％のピーク流出量を減少させることができると結論づけた。また、グリーンインフラの技術は洪水水位の高さを減らし、洪水を減らして敷地の資産価値を５％ほど上昇させ、下流の暗渠の交換や更新を不必要とすることで300万ドルを軽減できると結論づけた。

洪水の影響は、本質的にグリーンインフラの利用によって得られる利益と結びついている。この、より直接的に洪水問題と結びついている例として、ミネソタ州セントポールの首都圏流域地区（CRWD）で実施されたアーリントン・パスカル・雨水改善プロジェクトを挙げる。CRWD は、区内の42％が不浸透性の地表面で覆われた高度に都市化された地域である。この都市での雨水流出は局地洪水の原因となり、その洪水は表面流出水などが注ぎ込むコモ湖などの大規模水域の水質を悪化させる主要な原因であった。アーリントン・パスカル・雨水改善プロジェクト（次頁写真）は、浸透トレンチと雨の庭™のようなグリーンインフラ、言い換えると低影響開発の手法（LID）を用いて浸透トレンチと穿孔された平行配管システムを積極的に用いた。なぜなら、従来の方法では水質利益を得られな

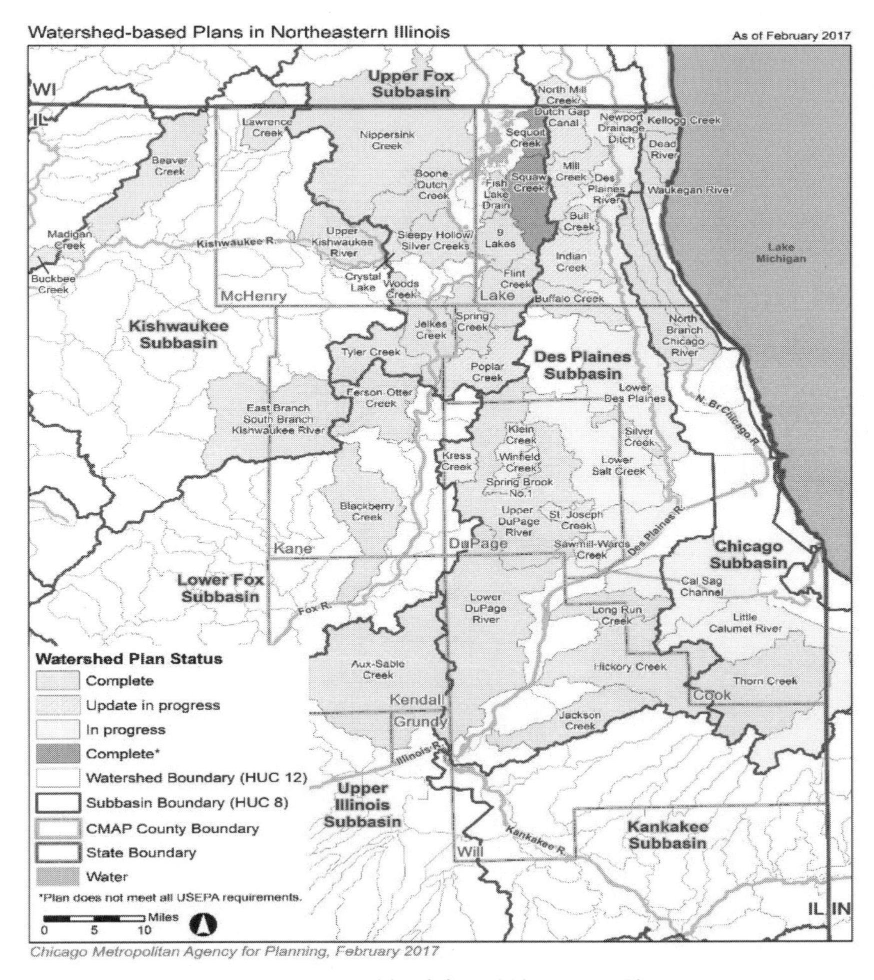

図7　イリノイ州北東部の流域ベースの計画
（シカゴ大都市圏計画庁、2017年２月）

かったからである。このプロジェクトの目標は、局所の洪水問題を処理しつつ、コモ湖の水質を改善することであった。様々な方法が評価されたが、結局、グリーンインフラによる解決策が選ばれた。それが100万ドルを節約し、従来の雨水管理の選択肢と比べて雨水流出を45%減少させたからである。全リン（TP)、全浮遊物質（TSS）と雨水流出量の削減が実現されているかどうか2007年と2008年にモニタリングが行われたが、結果はそれらが低下という目標が達成されたことを示した。従ってグリーンインフラの実践は、洪水の影響を緩和する以外にも、性能の期待値を超えた水質処理の追加的利益をもたらしてくれることがわかった。

洪水に関連するグリーンインフラの経済利益のもう一つの側面に、その適用によって洪水で被害を受けるはずの敷地が被害を受けずにすみ、回避することのできた洪水損失がある。例えば、近隣地区技術センターは、周辺洪水の減少は最大で５％の氾濫原の資産価値の増加につながると推定している。グリーンインフラが洪水の低減対策として効果的であるためには、流域の重要な場所に配置する必要がある。例えば米国東南部の流域での研究は、グリーンインフラは２年洪水で氾濫原１エーカー当たり２万1000ドル、100年洪水で氾濫原１エーカー当たり9000ドルの範囲で洪水損失を減少させることを示した。とはいえ、これら受けなくて済んだ損害は、その流域内の物理的および経済的な要因に大きく依存する

アーリントンビジネスパーク：アーリントン・パスカル・雨水改善プロジェクト

ため、それぞれの敷地固有の条件を用いて推定する必要がある。

まとめ

洪水はコストのかかる災害である。それは公共地や私有地での経済活動を妨げ、公共の福祉と被害を受けるコミュニティに感情や社会的な負担をかける。経済への影響はどのような洪水であれ、著しい。しかし、被害の重大さは洪水の種類や頻度、大きさによって変わる。水辺の生態系に影響を与えるような大きな洪水は破壊的な損害とコストをもたらすが、これらは相対的にはあまり生じない。小さな洪水は一般的には、より頻繁に広範囲で生じる。そのためこの被害は規模的には小さくなりがちであるが、より発生件数が多いため、コミュニティの経済全体に対する負担は大きくなる。

洪水による被害を減らすために従来取られていた方法は、豪雨の時に重点を置くもので、洪水で流出した水を集めて運び、遠くのどこかへ放出するものであった。しかし、浸透、蒸発散、雨水集水などの敷地拘留技術を使うグリーンインフラは、それとは異なる。それは一つの領域の水文学的機能を復元する努力をし、小雨を捕まえ、同時に水質を改善して水域を増強する。洪水損失の多くは頻繁な小降雨と結びついているため、グリーンインフラはこれを管理するのにとても適している。それゆえ、平均すると1年単位で著しく洪水損失の減損を提供する。

文献にはグリーンインフラによる洪水制御は小さな洪水の場合ならば、コスト効率がよいと書かれたものもあるが、流域という比較的大きな規模でグリーンインフラが広く使われていることを鑑みれば、その実践は、大きくてまれに発生する洪水に対しても効果的な制御を提供できる可能性がある。全米の津々浦々の地域での事例研究によれば、グリーンインフラの効率性は、流出量を減らして水質向上を提供するだけでなく、コスト効率のよい方法で洪水の影響を処理する。さらに、大気を改善し、公衆の健康を向上させ、ヒートアイランド効果を緩和し、美をさらにアピールし、柔軟で自由度の高い次元で水域を増強するなどの多くの副次的利益がある。このため、洪水がコミュニティ全体に及ぼす影響を解決しようとするのならば、グリーンインフラを実践することが一つの方法であることは明らかである。

第5節　公衆衛生と環境を保全し、病気を予防して地域経済を護る

汚染された雨水は河川や湖沼、沿岸水域を汚染し、我々が泳いだり、魚を釣ったり、ボートに乗ったり、あるいはそこから飲料水を集水したりする際の公衆衛生に脅威をもたらす。殺虫剤やポリ塩化ビフェニル（PCB）は、銅や鉛のような重金属と同様に、摂取すると病気になる有毒化学物質であるが、それらはすべて、汚染された汚水流出水の中で発見される。細菌や下水、有毒アオコ、過剰栄養物などの汚染物質で汚染された水域で泳いだり、甲殻類を食べたりした場合には、人々に胃腸疾患や感染症が発生することがある。また、流出水の中で一般的によく見られる汚染物質に窒素があるが、これが飲料水の供給地を汚染すると、硝酸塩や亜硝酸塩が人間の体内で酸素を供給する血液の能力を阻害し、メトヘモグロビン血症を引き起こすことがある。赤ちゃんや小さな子供たちは、水中で高窒素の影響を特に受けやすい。雨水の表面流出によって地面から拾い上げられる重金属や窒素のような過剰栄養物から合流式下水道のオーバーフローにより水路に直接放出された未処理下水まで、汚染された雨の流出水は、水質基準に合致しない米国の水域中の約40％の根本的な障害原因とされている。

グリーンインフラの実践は、水域の汚染負荷を引き下げることができる。それは、人が汚染物質とレクリエーション的接触や汚染された飲料水を介して発症する病気を最小限にするように働く。地域の水質の改善は、コミュニティの医療費支出の低減に帰結し、海岸の閉鎖や甲殻類の漁場閉鎖で生じる経済への悪影響を最小限にする。また、喘息の罹患率を引き下げ、熱応力に関連した死者の数を減らし、ヒートアイランド効果の悪影響を緩和し、大気質を改善し、レクリエーション用の緑地を増加させる。それは、包括的な雨水管理計画の一部として、きれいな水道水の供給以上の経済利益をコミュニティに提供するものである。

細菌と汚染負荷の削減

米国の水を汚染する汚染物質の大部分は、海岸の閉鎖や甲殻類の漁場を閉鎖するきっかけになったり、飲用水を危険にさらしたりするが、そうなる原因は地面に浸透せずに地表面から流出した雨水にある。EPAが定期的に更新する全国の減損水リストによれば、都市の雨水流出水は、河川の13％、湖沼の18％、河口域の32％、全国の海岸線の55％の水の減損の主要原因であった。大局的にこれ

を見ると、都市部とは米国本土のわずか3％をカバーする面積しかない。つまりこれは、都市部から流出した雨水が全体の水域の水質にどれほど重大な影響を及ぼしているのかを示している。雨水の管理計画にグリーンインフラを組み込むことにより、レクリエーションや飲料水供給に使用する表層水へ入る汚染雨水の量を減らすことができ、市民の健康を守るのに役立つ。多くの場合、水系感染症の集団発生は、大雨で合流式下水道システムが過負荷になり、国の領海に汚染された流出水と未処理下水が大量に流れ込んだことに関連して生じる。この雨水流出に関連する水質汚染は、海岸の閉鎖による観光産業からの収益減少を進行させ、通院と失業によって地域医療と経済にコストを課すことになる。雨水インフラの最新化は、降った場所で雨水を取り込み下水設備から雨水だけを分離して貯留や処理をし、人々の健康を害するような汚染物質が河川や湖に入り込むのを減らすという前向きの管理実践を統合することで、これらのコストを最小限にする。

汚染された雨水を含むレクリエーション水域での水接触による病気の発症予防と関連コストの最小化

2006年度の議会報告書でEPAは、合流式下水道からのオーバーフローと分流式下水道からのオーバーフローが毎年、国に認定されたレクリエーション用の海岸で、海水との接触により少なくとも5576件の病気をもたらしたと報告した。EPAの分析は胃腸疾患単独に限定され、また、内陸や認定されていない海岸が原因の病気を評価しなかったために、実際の症例件数は報告よりもおそらくはるかに多い。

海水浴客と非海水浴客に関する1998年の研究では、胃腸炎に感染した人の34.5％と耳の感染症になった人の65.8％は、下水によって汚染された海域で水泳していたと報告された。通常の活動により病気になったのは研究参加者の少なくとも7％から26％であった。サンタモニカ湾での1万3000人を超える水泳者の研究では、雨水管の排出口から100ヤード以内で泳いでいた遊泳者の中で、最も近くで泳いでいた人たちが最も高い発症率を持つ胃腸疾患数種類を経験したことがわかった。

都市から表面流出した汚染雨水に起因する病気は、重大な経済的影響を及ぼすことがある。毎年、最大で350万人が下水の汚染された水との接触が原因で病気になるという。カリフォルニアの州立ハンティントンビーチとニューポートビーチでの2004年の調査では、水を媒介とする胃腸疾患で、失われたレクリエーションの価値や病気にならないように個人が積極的に支払った金額以外にも、病気のために休んだ（仕事が出来なかった）日数と医療費を含んだコストは、一人当たり36.58ドルに達した。また別の例では、南カリフォルニアにある人気だが汚染されている28の海岸を対象にした研究を行ったが、そこでは、150万人の水泳者が胃腸の病気に苦しみ、2100万ドルから5100万ドルの経済的損失がもたらされていることが計算された。カリフォルニアの２つのビーチでは、汚水を泳ぐことで病気を発症した人に対し、毎年300万ドルの公共コストがかかっている。

雨水管理や合流式下水道からのオーバーフロー緩和計画にグリーンインフラの実践を取り入れることは、汚染物質の下流への輸送を削減し、汚水の流入するレクリエーション用の海域が受ける影響を最小限に抑えることができる。これは地域社会を健康にするだけでなく、それによって医療費を使わないで済み、金銭を節約するのに役立つ。例えば、「グリーンシティ」と呼ばれるフィラデルフィアでは、合流式下水道からの流出を80～90％減らすためにグリーンインフラを使うことを提案する水浄化計画が、伝統的なグレーインフラによる解決策では受け取れない付加価値を住民に提供する。そして、フィラデルフィアが45年後にこのプログラムから受ける利益は、市にかかるコストよりも多くの価値を生成するであろうと予測されている。河川や流れ、あるいは沿岸水域へ汚染された流出水が流れ込むのを減らすことは、これらの水域がボート、水泳、釣りにとって安全であることを確認することを目標としたコスト効率のよい戦略である。

ワシントンDC地区の水域における汚染物質の削減

ワシントンDCは2007年の調査で、雨水管理のために都市の木々やグリーンルーフを使用することで、12億ガロンの雨水流出を水のインフラシステムから取り除くことができると知った。これは、地元の川に入る未処理の汚水を10％削減するに等しく、合流式下水道からのオーバーフローの頻度をほぼ７％減らすことと同じである。同様に、毎年地元の水路外での汚染物質の推定値として銅120ポンド、鉛180ポンド、リン340ポンド、総固形物質53万ポンドを流出させずに保全することになる。

ハンティントンビーチ（カリフォルニア州）

閉鎖した海岸と漁場から生じる経済的損失の緩和

汚染された表面流出と雨天時の合流式下水道からのオーバーフローの結果劣化した水質は、漁業に依存する地域経済に負の影響を及ぼす。米国海洋大気庁（NOAA）は、下水道からのオーバーフローが甲殻類の生育床や漁場を汚染する主要原因であることを報告した。NOAAは、実際に合流式下水道からのオーバーフローは1997年の約60万エーカーの甲殻類生育床の収穫制限に関連したと推定している。米国での魚介の収穫は、都市の流出水中に高濃度の細菌が存在すると、禁じられるかあるいは、既存の収穫域の40％以内というように、現在では非常に強く制限されている。シアトルのピュージェット湾では一つの収穫域の強制的閉鎖により、額にして300万ドルの甲殻類を失った。EPAの研究によれば、汚染された雨水によって生じる水生生物種の損失や生息地の汚染は、毎年最大で3000万ドルの商用魚介類の損失となっている。また、汚染された魚介類を食べることによって引き起こされる病気や死は、勤務出来なかった日数、医療費、および汚染の状況の調査から、年間平均すると地域経済に2200万ドルの負担をかけていると推定されている。

汚染された海域から人々を保護するために行われる海岸の閉鎖という方法は、経済に著しく悪影響を及ぼす可能性がある。旅行と観光業界において、ビーチは観光客にとっての最優先スポットである。沿岸州の観光は毎年、米国の総観光収入の85％を占めている。米国人は平均して、遊興的な10日を沿岸部で過ごすの

米国沿岸警備隊本部（ワシントン DC）

である。全国の沿岸および海洋水は安全できれいな水に依存しており、2830万人の仕事を下支えしている。国家研究評議会によると、2011年の全国での海岸閉鎖の36％は、「汚染された雨水流出」が原因であったという。汚染に起因して閉鎖した海岸は、結果として雇用の喪失と地域経済へ脅威を与えることになる。南カリフォルニアのズマビーチおよびハンティントンのカリフォルニア州立ビーチの研究では、ズマビーチが“グレード A”から“グレード F”のビーチに格下げされた場合、毎年128万4157ドルの経済損失になると推定され、ハンティントンビーチが１カ月間閉鎖された場合、コミュニティには86万4438ドルのコストを負担させることになるという。

グリーンインフラ実践によるウィラメット川の汚染抑制

ポートランドでは、合流式下水道からのオーバーフローは、ウィラメット川へ流出する細菌の40％以上に寄与していた。川は水質基準を満たすことができず、PCB 類、ダイオキシン類などが含まれる農薬が魚を汚染し、遊泳者やサーフボーダーに公衆衛生上のリスクをもたらしていた。2008年に市は、既存の合流式下水道からのオーバーフローの削減計画に加えて、大気の質、コミュニティの居住性、水質などを改善するために、５カ年間計画「グレーからグリーンへイニシアチブ（G２G）」を開始した。G２G計画によって市は、流出流のピーク流量を93％減少し、街全体で92エーカーの面積からの全浮遊物質（TSS）を80％減少すると推定される43エーカーのグリーンルーフを構築する予定である。2010年８月の時点で4.7エーカーのグリーンルーフが建設され、325のグリーンストリートが市の決まった場所に置かれた。そして、グリーンインフラを展開し、ウィラメット川へ流入する汚染物質の負荷を減らすことによって、水質改善に向けて順調に進んでいる。

ペンシルベニア州ピッツバーグ、アレゲニー郡とその周辺では、わずか１インチの10分の１ほどの降雨であっても、合流式下水道がオーバーフローしてピッツバーグの３つの河川に未処理下水を送ることがある。それは、レクリエーションの際に人々が川の水と接触することを危険にさせるもので、このような事態がボートの季節に70日間ほど発生する。オハイオ川とその支流、アレゲニー川、モノンガヒラ川とヨコゲニ川は、レクリエーションにとって重要な河川であるだけでなく、アレゲニー郡の住民の90％に飲料水を供給している。毎年、16万8000ガロンの雨水流出を捉え処理するマクゴーワン再生医療研究所のグリーン

ウィラメット川（オレゴン州ポートランド）

ルーフと、湿地を復元するナインマイル・ランとフリックパークのようなグリーンインフラ・プロジェクトは、地元の海への汚染物質負荷の低減に努めている。グリーンインフラの実践は、雨が降った場所で雨を取り込み処理することによって、人々の健康を害する恐れのある河川や湖沼、沿岸水域の汚染を減らすことができる。

ヒートアイランド効果の影響の緩和

全国の多くの都市が、地域の生活の質を落とし地域住民の健康問題を引き起こす、夏の間のヒートアイランド効果に悩まされている。駐車場や屋根の表面は周囲の大気よりも27.7～50度熱くなり、田園地帯と比較して都市により高い温度をもたらす。これは都市化の直接的な影響である。

夜間でも高い気温と増加した大気汚染濃度によって特徴づけられる都市のヒートアイランド効果は、特に敏感な人たちが熱波から受ける影響を悪化させることがある。これは極端な熱にさらされた結果として発生する。米国疾病管理予防センターは、米国において極端な熱に接した結果発生する死亡者の数は、ハリケーンや落雷、竜巻、洪水、地震などによる死亡者の合計数を圧倒すると推定した。高温は、老人や公共輸送と冷房に接する機会の少ない貧困層の死のリスクを増加させるだけでなく、地上でのオゾンの生成を増加させる。ロサンゼルスでの研究では、21度以上の気温では約0.5度上昇するごとにオゾン濃度が３％増加し、それは喘息発作を引き起こすきっかけとなり、さらに小児喘息を進行させることになることがわかった。グリーンルーフの構築や雨の庭™、樹木を植えるなどのグリーンインフラの実践を通して緑の空間を多くすると、都市のヒートアイランド効果による負の公衆衛生的影響や経済的影響を軽減することができる。

温度が少しでも低下すれば、公衆衛生に大きな利益を与えることができる。特にグリーンルーフは、現場の雨水を保持するだけでなく、屋根によって日陰になる建物内の温度を低下させ、大気中に戻って再放出される熱を減少させる。グリーンルーフ上で生長する植物は、その根を介して雨水を吸収し、それを大気中へと戻す蒸発散を通じて周囲の大気を冷やす。複数の研究がグリーンルーフの冷却能力を実証している。フロリダ州のある研究では、グリーンルーフ上の平均表面温度は30度で、隣接した伝統的な屋根の平均表面温度は56.7度であることがわかった。ニューヨーク市のグリーンルーフ実施分析は、グリーンルーフが都市の平屋根の50%をカバーすることで、市全体に0.8度の気温低下をもたらすであろうと推定している。また、透水性舗装も従来の舗装より高い冷却速度を有することが見出されている。

フィラデルフィアの2006年の調査では、196人という熱関連の死亡者数は、汚染された流出を管理し、合流式下水道からのオーバーフローを減らすグリーンインフラを使用していれば、40年間で回避できることがわかった。2006年のEPA の統計的生命価値（VSL）値に基づいて、フィラデルフィアにおける都市のヒートアイランド効果に関連する死亡者の減少は、14.5億ドル以上の公費を節約することができる。グリーンインフラの実践は、下水道システムの外で雨水を保つために現場で雨水を保持するだけでなく、ヒートアイランド効果を緩和するよう気温を低下させることにより、公衆衛生に利益を提供し、ついで、熱関連の病気や死亡に関係する経済コストを削減することができる。

大気質の改善

グリーンルーフのようなグリーンインフラの実践を通じて緑の空間を増やすと、特に都市部では、大気の質を向上させることができる。なぜなら、これらの技術の重要な構成要素である木々や植物が、二酸化窒素、オゾン、二酸化硫黄およびいくつかの粒子状大気汚染物質を除去するからである。これらの汚染物質は喘息発作を誘発するだけでなく、気管支炎、肺気腫および他の呼吸器疾患を悪化させることがある。オレゴン州ポートランドのグリーンルーフに関する2008年の調査では、グリーンルーフの1平方フィートにつき、大気中のほこりや粒子状物質の0.04ポンドを削除することがわかった。分析は、14万平方フィートのグリーンルーフは毎年大気から1600ポンドの粒子状物質を取り除くことを示した。そして、それにより費やさずに済んだ医療費は年間3024ドルになることがわかった。シカゴ市は、緑化による経済利益を見積もっている。市内のグリーンルーフのある屋根の10%は、毎年の1万7400 mg の二酸化窒素を除去することができ、その結果2920万ドルから1億1100万ドルの公衆衛生のコストの削減につながると推定した。ワシントン DC の都市生態系の分析からは、都市の樹木が提供するキャノピー（樹冠）は、雨水貯留コストの47億ドルを節約しただけでなく、毎年大気から20万ポンドの汚染物質を除去することにより、毎年の大気質の改善にかかる4980万ドルを使わずに済むことが明らかになった。グリーンインフラの実践は、水質を護るという明白な役割の他、地域社会への有形で経済的な公衆衛生上の利益を提供する。公園から都市林へ緑の空間量を増やすことによって、これらの雨水管理実践は、大気の劣化や水質低下に関連する経済的損失や人的損失を防止または低減することができる。

実践による公衆衛生のコスト回避

ペンシルベニア州フィラデルフィアは、合流式下水道からのオーバーフローに対処するために、大規模な水路を構築する計画とグリーンインフラに多額の投資をする計画とを比較した。グリーンインフラという選択肢は、金銭を節約させるだけでなく、公衆衛生に利益を提供してくれる。健康への影響は、グリーンインフラという選択肢を用いることで毎年発生していた早死をする者が１～2.4人少なくなり、１日700人以上の呼吸器疾患の症例もなくなった。この結果、節約できた医療費は40歳以上で1.3億ドルと推定された。

レクリエーションスペースの増加

都市部に居住する米国人の約80％と多くのコミュニティは、劣悪な公衆衛生、経済の衰退、緑の空間やレクリエーション機会へのアクセスの欠如などの諸問題に直面している。グリーンインフラの実践を介して増加した植栽による被覆は、気温を涼しく保ち、大気の質を改善するのに役立つだけでなく、都市部と旧都市のスプロール地域におけるレクリエーションの機会を向上させてくれる。カンザス州レネクサは、水質の保護と治水事業を維持するプログラム「雨をレクリエーションに」というプログラムに野心的に着手している。それは、「公教育、市民参加やレクリエーションの機会を提供しながら、自然と開発環境を守るものである」。レネクサ市内の住宅地に設けた拘留池や流れや池の再生事業は、雨水流出を管理するために自然の機能を使用しながら、レクリエーションの機会を生みだす。人々が外に出て、アクティブに滞在することを簡単かつ安全にできるようにすることによって、グリーンインフラは、医療費を低く抑えることを支援し、コスト削減をもたらすことができる。研究では、公園や緑地へのアクセス権を持つ人は、ストレスや不安を持つことが少なく、低血圧でコレステロール値も低く、手術や心臓発作からの回復も早く、より管理改善に関心を持ち、行動障害を取り除く傾向があることが実証されている。ある研究では、定期的に運動を始めた非アクティブな大人は、年間平均で医療費を865ドル節約することができるとわかった。大気汚染と水の汚染の削減が見られたフィラデルフィアの公園システムの研究では、2007年に公園利用によって、費やさずに回避された医療コストによる経済効果は、6941万9千ドルと推定された。実践を通して都市部に緑の空間を取り入れることはコミュニティの居住性を高め、大人にも子供にもレクリエーションの機会を提供する。その結果誰もがより健康になり、医療費の削減を可能にする。

土地利用と水質を結びつける

ロサンゼルスのエメラルドネックレスは、また、緑地やレクリエーションの機会へのアクセスを向上させながらリオ・ホンドとサンガブリエル流域内の水質を改善するためにグリーンインフラを組み込んだ62都市、250万人を取り囲む地域の計画である。例えばエルモンテにある1.8エーカーのラッシュブルック自然公

フィラデルフィアの流域で合流式下水道からのオーバーフローを制御する伝統的なインフラとグリーンインフラ。選択肢のトリプル・ボトムラインアセスメント。
（出典：ストラタスコンサルティング、2009年）

ギブソンマリポサバタフライパーク（エメラルドネックレス）

園は、在来植物の植栽と植生生物湿地を含み、既存の自転車道に沿って造られている。緑の公園を数珠つなぎにつないだ様子に喩えるエメラルドネックレスという447の既存の公園によるこのネットワークは、子どもと家族にとって、グリーンインフラを介してきれいな水を護り、大気の質を改善し、自然と対話するための安全な地域を提供し、居住性を高めるための野外空間を取得し緑地を結ぶことに焦点を当てるものである。

まとめ

硬質な舗装などの地表面を流出した雨水による汚染物質の輸送と合流式下水道からのオーバーフローは、飲料水の汚染やレクリエーション水域の汚染、生産的な魚介類漁場汚染の大きな原因となっている。河川、湖沼、小川へと運ばれる汚染物質の量を減らすことは、水を媒介とする病気や地元企業、漁業に対する負の経済的影響を軽減することができる。きれいな水は、地域の活性化と水域利用者に依存する地元企業の経済的成功に不可欠である。商業的遊漁は、地域経済に数百万ドルをもたらすものである。これらの資源に対する脅威、あるいは海岸や漁場の閉鎖は、影響を受けるコミュニティにとって壊滅的になり得る。しかしグリーンインフラを実践することで、汚染された水路による経済への影響は低減され、地元の海に運ばれる汚染水の量も減る。

米国における都市の排水システムと雨水管理の歴史は、埋設管や雨水を急いで視界と意識の外へ追い払うための下水道と水路が、無限に続く距離で綴られてきた。流出した雨とその汚染物質が水域へ流れ込み、地下水にも影響を与え、街をあふれさせるまで、この現象は持続する。このような管渠インフラ（グレーインフラ）は、その本来の目的「雨水の輸送」には有効であるが、設置された地域にのみ限られた利益を提供するだけで、水域全体や都市のヒートアイランド効果などに対する副次的な利益はもたらさない。そしてまた、気候の変動の影響もあり、オーバーフローのような新しい問題を生みだした。

ミルウォーキー市長のトム・バレットは、深い水路とは水路であり、そこでピクニックやテールゲートパーティができるはずもなく、水路以外の役目は何も果たさないと皮肉を言っている。

現在および将来に生じる雨水の課題に対して、グリーンインフラを用いた解決策を計画することは、流出を管理する方法について、従来とは違った考え方を要求する。さらに、納税者の立場から、グリーンインフラという、恐らく税金を投じることを求められる投資対象について、より大きな利益と効率性があるのかどうか見極めるべきだと主張するのは当然だと言える。グリーンインフラは、地域や社会に対して具体的な利益を提供しながら、雨水が許容量の限界を超えた下水道や水域へと流れ込むのを削減あるいは防止するコスト効率のよい雨水管理戦略を約束するものである。

第3章
グリーンインフラの種類と利益

注目する5つの実践について、説明とこの種のインフラが提供することのできる幅広い利益について精査する。図8は、グリーンインフラの実践がどのようにして利益の様々な組み合わせを生成することができるのかを例示的に示したものである。なお、これらの利益は、気候や人口などの局地的な要因に応じて変化する規模で発生することに注意する。

グリーンルーフ

グリーンルーフは、部分的にあるいは完全に、防水層が生育培地および植物に覆われたルーフトップのことを言い、また、防根層と排水や灌水システムなど追加の層を含むことがある。これは生育培地の深さに基づき、いくつかのカテゴリに分けられるが、約2～6インチの深さの培地を持つ拡大的なグリーンルーフと、6インチよりも深い生育培地を持つ集約的なグリーンルーフに大別される。植生で覆われたルーフシステムは米国ではより一般的で、それらが生み出す利益

利益	雨水の表面流出を減らす											コミュニティの暮らしやすさを改善する						
	水処理需要の削減	水質の改善	グレーインフラストラクチャーの需要を削減	洪水抑制	利用できる水の供給増加	地下水の涵養の増加	塩の使用の削減	エネルギー使用の削減	大気質の改善	大気中の二酸化炭素の削減	都市のヒートアイランドの軽減	美観向上	レクリエーション機会の増大	騒音公害の抑制	コミュニティの結びつきの改善	都市の農業	生物生息地の改善	公教育の機会の創出
実践										CO_2								
グリーンルーフ	●	●	●	●	○	○	○	●	●	●	●	●	◒	●	◒	◒	●	●
植樹	●	●	●	●	○	◒	○	●	●	●	●	●	●	●	●	◒	●	●
バイオレテンション&浸透実践	●	●	●	●	◒	◒	○	○	●	●	●	●	●	◒	◒	○	●	●
浸透性舗装	●	●	●	●	○	◒	●	◒	●	●	●	○	○	●	○	○	○	●
雨水集水	●	●	●	●	●	◒	○	◒	◒	◒	○	○	○	○	○	○	○	●

● はい　◒ たぶんそうである　○ いいえ

図8　グリーンインフラの主要な実践と利益

は、公私に係らず幅広い範囲で提供されることが明らかになっている。この利益を以下に示す。

雨水流出の削減

・グリーンルーフは水を大量に保存する生育培地を持つ。この水の一部は、最終的に土壌からの蒸発や植えられた植物を経て蒸散されるため、下水道や水路に入り込む流出雨水の量を削減する。ついで、合流式下水道からの雨天時オーバーフロー（CSOs）が発生する危険性を緩和する。

エネルギー使用量の削減

・生育培地によって提供される付加的な断熱により建物のエネルギー使用量を減らすことができる。それは従来の屋根と比べて優れた断熱性を提供する。
・植物と生育培地の存在は、気候が暖かい数か月の間、屋根の表面に到達する日射量を減少させ、屋根の表面温度と熱の流入を減少させる。生育培地に貯留された水の蒸発冷却作用は、屋根の表面温度を低下させる。

グリーンルーフはその場に降った雨を土層に一時拘留し、その雨は排水管により地上へと導かれるが一部は土壌や植物の体内に吸収される。

大気質の改善

・局所的には、グリーンルーフに植えられた植物は大気質に含まれる汚染物質を吸収し、粒子状物質の欠片を遮断する。
・植生の冷却効果は、窒素酸化物や揮発性有機化合物の反応速度を遅くすることによりスモッグの形成を低減する。
・エネルギー使用量を削減することにより、発電によって生じる大気汚染を低減する。

大気中の CO_2 の削減

・グリーンルーフの植生は、直接に炭素を隔離する。
・エネルギー利用の削減と都市部のヒートアイランド効果の抑制により、地域の発電所から発生する CO_2 排出量を削減する。

ヒートアイランド効果の軽減

・グリーンルーフによって提供される局所的な蒸発冷却作用は、街路や従来の屋根表面などでは熱を吸収した結果に生じる都市地域の高温化を低下させる。

コミュニティの居住性の向上

・コミュニティの地域的美観を向上させる。
・土壌や植生の助けにより、音の伝達を減らす。
・人々が活用して楽しむための屋外領域を提供する。このため、レクリエーションの機会を増やすことができる。それはまた、コミュニティを改良し、社会資本の建設を支援する相互作用を育む可能性を秘めている。
・都市部のための農業生産の機会を提供する。

生物生息地の改善

・グリーンルーフによる植生の増加は、都市の生物多様性を維持するのに役立ち、動植物の多様性のための貴重な生息地を提供している。

公教育の機会の育成

・将来の経済的および環境的制約の伴う管理には、完全な住民参加とパートナーシップが必要である。グリーンインフラは、持続可能な水資源管理の重要性に対する周辺コミュニティの意識や理解を育む機会を提供する。

・グリーンルーフは、その美的魅力を通じて、コミュニティのグリーンインフラに対する関心を増加させ、公教育に絶好の機会を与える。

植樹

植樹は生態学的、経済的、社会的な意味合いで多くのサービスを提供する。1本単位にせよ森林単位の大きな規模にせよ、植樹には多くの利益がある。

雨水流出の削減

・樹木は降雨を受け止め、地中への浸透を増やし、水を蓄える土壌の能力を増や

街路から公園、広場、公共施設まで様々な場所での植樹は雨水管理にとって重要である。

すのに役立つ。
・樹木のキャノピーは、剥き出しの地表面へ落ちる雨滴の衝撃を減少させる。
・葉からの蒸散は土壌が保持する水分を最小限に抑え、雨水流出を低減する。

地下水の涵養の増加

・樹木は地元の帯水層の涵養に貢献することができる。量と質の両方の立場で流域システムの健全性を改善する。

エネルギー使用量の削減

・樹木は適切に配置されたならば日陰を提供し空気を冷却することで、建物へ到達して建物によって吸収される熱の量を減らす。温暖な気候の地域あるいは時期に、建物を冷却するのに必要なエネルギーを削減する。
・樹木は風速を減速させることができる。特に冬に寒い地方で、暖房のエネルギー需要が高い場所では、需要の削減に大きな影響を与える可能性がある。
・樹木は大気中に水を放出し、その結果冷却により気温を低下させ、建物のエネルギー使用量を削減する。

大気質の改善

・樹木は大気汚染物質（例えば NO_2、SO_2 と O_3）を吸収し、粒子状物質（PM_{10}）を遮る。
・樹木はエネルギー使用量を減らすことで大気の質を向上させ、N_2O と CH_4 を含む温室効果ガスの量を減少させる。

大気中の CO_2 の削減

・直接の隔離によって、樹木は大気中の CO_2 濃度を減らす。
・植樹はエネルギー使用量を減らし、次に CO_2 濃度を軽減する。

ヒートアイランド効果の軽減

・樹木の様々な機能は都市のヒートアイランド効果を抑制するのに役立ち、それによって熱ストレスによる病気や死亡が減少する。

コミュニティの居住性の向上

・樹木の美とプライバシーを提供し、コミュティの美を改善する。
・道路を改良したり、人の集まる場を提供したり、暑い時期には日陰を提供したりして、レクリエーションの機会を増加させる。
・場所の特徴と福利を提供し、コミュニティの結束を強化する。
・騒音公害を減らし、地域の騒音汚染の基準を下げさせる。
・植樹は都市の食物と食糧生産に対する可能性を提供する。

生物生息地の改善

・もし植樹に地域に自生する植物種が使用されるならば、野生生物の生息地を増加させる。

公教育の機会の創出

・将来の経済的および環境的制約の伴う管理は、完全な住民参加とパートナーシップを必要とする。グリーンインフラは、持続可能な水資源管理の重要性について周辺コミュニティの自覚と理解を育む機会を提供する。
・コミュニティによる植樹は、住民がグリーンインフラの利益をより意識するようになるための貴重な教育機会を提供する。

バイオレテンションと浸透実践

バイオレテンション（生物滞留）と浸透実践は、雨の庭™、生物低湿地、人工湿地などを含む多種多様のタイプと規模で生じる。例えば、雨の庭™は、屋根からの縦樋や隣接した不浸透性地表面から水を集めるために勾配の底に掘られる。もしイネ科の野草などの長く根を下ろす植物と共に据えられれば、最も性能を発揮する。

バイオレテンションの一種である生物低湿地は、駐車場や道路、歩道に沿って舗装された敷地内で、その舗装領域に隣接して設置されるのが典型的である。それは水を一定期間そこに留めさせ、その後排水するもので、オーバーフローは下水道へ入るように設計される。そして、不浸透性地表面からの表面流出により通常運ばれる砂泥と他の汚染物質を事実上その場（バイオレテンション域）に閉じ込める。こうした利益の多くは、別のグリーンインフラ実践によっても立証され

バイオレテンションの一種であるバイオ低湿地に芝生表面を流れる雨水は集められて浸透する。

ているが、この節では、より規模の小さい実践のことを称している。

雨水流出の削減

・バイオレテンションと浸透実践は雨水を貯留し浸透させ、流出水の影響を緩和し、雨水が地域の水路を汚染することを防ぐ。

有効給水量の増加

・屋外灌水に利用する飲用水の総量を減少させることによって、有効給水量を増加させることがある。

地下水の涵養の増加

・バイオレテンションと浸透実践は、管渠へ送水する代わりに地中へ雨水を向けることにより地下水の涵養を増加させることができる。

大気質の改善

・他の植物で覆われた他のグリーンインフラ設備と同様に、大気汚染の原因となる物質の取り込みと粒子状物質の沈着によって大気質を改善する。

・汚水処理施設に入る水の総量を最小限にすることによってエネルギー利用を減らし、次いで、排出される温室効果ガスの総量を低下させることにより大気汚染を低減する。

大気中のCO_2の削減

・バイオレテンションと浸透実践は、直接の炭素隔離を経てCO_2排出を削減する。
・冷やすことを目的とするエネルギー利用の減少に加え、流出を処理するために必要とされるエネルギー量も低減することにより、大気中のCO_2を削減する。

ヒートアイランド効果の軽減

・表面アルベドの減少と蒸発冷却少を経てエネルギー利用を削源し、ヒートアイランド効果が及ぼす影響を緩和するように機能する。

コミュニティの居住性の向上

・維持管理が十分に適切であるならば、バイオレテンションと浸透実践は、地域の美観を改良し、コミュニティ内でレクリエーションの可能性を増強する。

*これらの実践はまた、吸音によって騒音伝達を低減し、近隣の社会的ネットワークを改善する可能性がある。

生物生息地の改善

・バイオレテンションと浸透実践は、生物生息地を提供し、都市の生物多様性を増加する。

公教育の機会の創出

・将来、経済的制約や環境的制約を伴う管理は完全な住民参加とパートナーシップを必要とする。グリーンインフラは、持続可能な水資源管理の重要性について周辺コミュニティの自覚と理解を育てる可能性を提供する。
・居住者がグリーンインフラを介して近隣地区の利益に貢献する可能性を生みだす。

芝生の中に設けられた草花を中心としたバイオレテンション域。雨水の流入口以外の周囲をしっかりと囲い、芝生を領域内に侵入させないことが重要である

透水性舗装

透水性舗装は、雨水や雪解け水を現場で吸収し浸透させるものである。多孔質コンクリート、多孔質アスファルト、浸透性インターロッキングなど、素材を基にしたそれぞれ異なる名称がある。

雨水流出の削減

・透水性舗装は雨水の路盤浸透を可能にすることで、表面流出する雨水の量を削減し流速を低減する。

・流出量と流速の低減によって、透水性舗装は水処理にかかるコストを低く抑え、洪水と侵食を低減できる。

地下水の涵養の増加

・雨の浸透を可能にすることによって地下水の涵養を促進する。

浸透性舗装は地下水の涵養を増加させる。

駐車場のアイランドに設けられたバイオレテンション域。緑地帯であり、かつ、駐車場の舗装面を流れる雨水を取り込み、浸透させて雨水を管理する。

塩類の使用の削減

・透水性舗装は冬の気候下で霜層の形成を遅らせることが証明されている。それは、塩類の利用に対する需要を緩和するが、塩類需要の低減によりコミュニティはコストを節約することができ、地域の水路と地下水源の汚染は低減される。

エネルギー使用量の削減

・周囲気温を低下させることで、エネルギー使用量を削源することができる。次いで、建造物内の冷却システム需要を削減する。

大気質の改善

・透水性舗装が雨を現場で捕らえるため、コミュニティは発電によって発生する大気汚染を低減し、必要とされる汚水処理コストを減少させることができる。
・ヒートアイランド効果による影響を弱めることにより、地表面でのオゾン形成を弱める。それは直接大気質に影響を与える。

大気中の CO_2 の削減

・透水性舗装はコミュニティが雨を現場で捕らえ、必要とされる水処理のコストを減少させ、次いで、発電所による CO_2 排出量を削減することを可能にする。

ヒートアイランド効果の軽減

・従来の舗装ほど熱を吸収せずに周囲の気温を低下させ、冷却に必要とされるエネルギー使用量を減らすことを促進する。

コミュニティの居住性の向上

・透水性舗装の中には、道路の孔隙率を増加させることにより騒音公害を低減するものがある。

公教育の機会の創出

・将来の経済的あるいは環境的制約の伴う管理は、完全な住民参加とパートナーシップを必要とする。グリーンインフラは、持続可能な水資源管理に関する重要性について周辺コミュニティの自覚と理解を育てるという可能性を提供する。

・透水性舗装の設置は、グリーンインフラの利益に対する公教育の機会を提供する。

雨水集水

雨水集水とは、灌水やトイレの水洗その他の利用に充てるために、雨水を現場で集め間接的かつ生産的に利用することである。雨水集水は、雨水を不用な廃棄物としてではなく資源として扱う。具体的には、縦樋分断と雨水桶やタンクでの貯留という2つの主要な雨水集水実践に分けられる。ここで重要なのは、縦樋の下水道からの分断である。縦樋の分断は、屋根から流出する雨水を下水設備から遠ざけ、灌水目的（雨の庭TM）のために現場の敷地へ導くプロセスである。雨水樽やタンクを使って雨水を集め、それをこれらの貯留容器に直接転換する。貯留水は、現場でのトイレの水洗と灌水のような複合目的に使うことができる。雨水集水の実践は、流域がこの実践から得られる利益を最大限にするために、予測された利水需要により決定されなければならない。

雨水流出の削減

・雨が降る場所で集められて再利用されることにより、雨水流出の及ぼす負の影響を最小限にする。

・雨水の敷地内での再利用は、水処理に対する需要を削減するのに役立つ。それは、飲用水の輸送、水処理、水利用に関連するコストをコミュニティが節約することを可能にする。

有効給水量の増加

・米国の場合、全米での屋外における灌水は、すべての住宅用水の実に３分の１に当たると見積もられており、総合計値は１日当たり70億ガロン以上になるという。この予測から、雨水を灌水に利用することは事実上、住居で使われる飲用水の量を減少させ、効率的に供給を増やすことになる。

地下水の涵養の増加

・灌水目的での雨水の再利用は、地下水の涵養を促進する。

公共の集会場に設置されたこの雨水タンクは5000ガロンの雨水を貯めることができる。

エネルギー使用量の削減

・雨水集水は、飲料水利用を減らすことでエネルギー使用量を削減する能力を持っている。飲料水は生成、処理、輸送に、エネルギーを必要とするからである。

大気質の改善

・この実践はエネルギー使用量を削減し、また、それにより、発電所から排出される大気汚染物質の量を副次的に減少させることができる。

大気中の CO_2 の削減

・集水は雨を現場で捕らえることである。それによって必要とされる水処理にかかるコストを減らすことができる。そしてコミュニティは、発電による CO_2 排出量を削減することができる。

公教育の機会の創出

・将来の経済的制約や環境的制約を伴う管理は、完全な住民参加とパートナーシップを必要とする。グリーンインフラは、持続可能な水資源管理に関する重要性について周辺コミュニティの自覚と理解を育てる機会を提供するものである。

・コミュニティは、雨水樽の設計と利用などの楽しい活動を通じた教育プログラムを用意することによって、グリーンインフラから得られる利益について住民により効率的に習熟させることができる。

雨水は、植物を健全に生育させるために役立つことが分かった。飲料水が塩素を含むのとは異なり、表面流出した雨水には、一般的に窒素とリンのような植物にとって好ましい栄養素が含まれていることがある。

第4章 気候変動に対応するグリーンインフラ実践

第1節　グリーンインフラと気候変動に関する概要

米国の先駆的な都市や郡では、新興する気候変動の影響を予測し適応することで地域のレジリエンス（回復力）を高めるために、グリーンインフラの実践を活用している。一般的に回復力とは、様々な危機の後、コミュニティが安定性を高め、それに対応し管理し迅速に回復できる力のことを意味する。米国の地方自治体には、グリーンルーフ、都市林、水保全などの実践は持続可能性と生活の質を高める戦略としてよく知られており、近年では気候適応の最良管理実践としても、ますます注目されている。グリーンインフラによる解決策は、気候に対する脆弱性を予測して備え、影響の抑制または削減を通じて都市のレジリエンスを構築するのに役立つが、経済的および社会的なコストと利益を計算する上での気候変動の不確実性は、地方自治体が行動を起こそうとする際の障壁となる。この章は、グリーンインフラの気候適応価値の代わりに、技術的、管理的、制度的および財務的革新の範囲で、選択され実践されたグリーンインフラによる解決策の性能と利益を評価するものである。

多くの場合、グリーンインフラは、雨水管や道路の拡張や雨水貯留の敷設などの伝統的なハードなインフラ（グレーインフラ）に対する調整役として組み合わされるものである。最近では、グリーンインフラとその技術は、従来のグレーインフラと組み合わせることによって地方規模で「最良管理実践」として特定されることが多いが、この組み合わせは都市の持続可能性とレジリエンスを向上させると考えられている。さらに、気候変動という新興の不可逆的な影響に適応するための手段として、グリーンインフラの価値が認識されている。その結果、一部の自治体では、複数の恩恵を得たい場合は特に、気候変動リスクに対するヘッジ戦略としてグリーンインフラを採用している。グリーンインフラには複数の利益があることがわかり、気候変動の影響の時期や範囲、および速度にかかわらず、グリーンインフラを採用するという行動が取られるようになった。

都市は次のようなやり方で、グリーンインフラ・プロジェクトに対しインセンティブを与えている。

1）官民関わらずプロジェクトの代替案と比較して前払い費用またはライフサイクルコスト削減の証拠を示す

2）グリーンインフラ施設の所有者に直接的な金銭的インセンティブを提供する

3）私有地にグリーンインフラの実施を要求する法律、規則、地方条例を制定する

4）公共事業の生存力と価値を実証するためにグリーンインフラを組み込むことを義務づける

グリーンインフラの例：街路樹の植え付け、道路脇への雨の庭™の導入、公共建物へのグリーンルーフの設置

ニューヨーク市内にグリーンインフラを増やす計画が2010年に制定された。

グリーンインフラの性能・利益・コスト

グリーンインフラの性能とそこから得られる利益、およびグリーンインフラにかかるコストは次のとおりである。

- グリーンアレーやグリーンストリート、雨水タンク、樹木の植え付けは、従来の方法に比べて1000ドルの投資で3～6倍効果的な雨水管理ができると推定されている。ポートランドは、ハードなインフラにかかるコスト2億5000万ドルを節約するためにグリーンインフラに800万ドルを投資した。グリーンインフラによる下水道復旧事業は、清浄な空気や地下水の再給水といったグリーンな実践に関連して生じるその他の恩恵を控除しても、6300万ドルを節約した。また、ポートランドのグリーンストリート・プロジェクトは、年間で約4300万ガロンの水を留まらせ浸透させるが、約80億ガロンを管理する可能性を秘めており、これはポートランドの年次雨水流出量の40％に当たる。ポートランドは、縦樋の分断だけで地元のピーク時のCSOs量が20％減少すると予測している。
- ニューヨーク市の2010年のグリーンインフラ計画は、都市下水道の管理コストを約20年間24億ドル削減することを目標とした。この計画は、完全に緑化されたインフラの植生面積1エーカーにつき、エネルギー需要の削減で節約できた8522ドル、CO_2の排出量削減で節約できた166ドル、大気質の改善によって得られる1044ドル、および不動産価値の増加による4725ドルの年次利益を提供する予定である。市は2030年までにCSOsの量を20億ガロン減らすことができると予測しているが、その際にグリーンインフラ実践を使うことで伝統的な方法を用いる場合と比べて15億ドル節約できると予測している。
- フィラデルフィアは、都市の計画と開発においてグリーンインフラを促進するのに役立つ政策とデモンストレーション・プロジェクトを2006年以来、使い続けている。その結果、CSOsが大幅に削減し、連邦の水規制への準拠性が向上し、約1億7000万ドルの節約が実現した。

グリーンルーフ

- グリーンルーフ（屋根緑化）のライフサイクルと正味現在価値は、従来の屋根でできる雨水管理よりも40％高いと推定されており、電力コストの削減や大気質における恩恵などをもたらしている。いくつかの調査では、グリーンルーフによって年間のエネルギー消費量の15～45%を（主に冷却コストの低さによって）節約できることが示されている。ホワイトルーフと呼ばれる白色の屋根ならば最大で65%を節約することができる。

・ワシントンDCは、最も適格な建物にグリーンルーフを設置することにより、CSOs量を最大で26%削減し、地方の河川に流れ込むCSOsを5%から15%程度削減することができると推定している。

・トロント市は、都市全体にグリーンルーフを設置することで、初期コストの3億1310万ドルと年間コストの3713万ドルを節約できると見積もった。

・ある研究ではホワイトルーフの下にある米国の空調設備の80%は、エネルギー使用量を削減できるため毎年7億3500万ドルの節約が可能であると見積もられたが、これは、120万台の車を使用しないことに相当するエネルギー排出削減の実現である。

・典型的なブルールーフならば、年間でその場に降った雨の約50%を保全する。1000平方フィートの屋根に降り注ぐ1インチの雨は、集めると623ガロンの水になる。100万ガロンの雨水を処理せずに再利用すれば、955kWh～

グリーンルーフによるエネルギー節約計画は、屋根に広がる多肉植物を中心としている。地域、気候条件を考慮した植物の選択と屋根勾配と水はけに新しい工夫がされている。

ホワイトルーフにおける米国エネルギー省のローレンス・バークレー国立研究所の科学者たちは、屋上の器具、衛星画像、飛行機、風船の助けを借りて、地球を冷却する際に汚染が白色の屋根の有効性にどのように影響するかを調べている。

1911kWhの電力が節約される。

透水性舗装と反射性舗装

- 浸透性の舗装は雨水流出量を70～90％削減することができるが、これは牧草地や森林の能力と同等である。
- ロサンゼルスの調査では、舗装の反射率を10～35％増加させたところ、ヒートアイランド効果の影響を受けていても温度が0.8度低下し、エネルギー使用量の削減とオゾン濃度の低下により、年間9000万ドルの節約が見積もられた。

都市林

- 研究によれば、都市の樹木の成熟した正味経済利益は、1本につき年間30ドルから90ドルであるが、潜在的な利益をすべて考慮すれば、投資1ドルにつき1.50～3.00ドルの投資収益率を示している。

・１軒の家屋の上に20％の樹木キャノピーがあれば、年間８～18％の冷房コストを節約し、２～８％の暖房コストを節約するという。

・ワシントンD.C. の街路樹の価値は、全利益換算により年間約1070万ドルと推計されている。

・テキサス州ヒューストンでは、樹木は13億ドルの雨水利益を提供する（１立方フィートの水貯留当たり0.66ドルの利益換算という式に基づいて計算)。

・シカゴの都市林の価値は23億ドルで、総炭素蓄積量は２万5200トン / 年であり、その価値は金額にして1480万ドル / 年に相当する。

・2005年には、米国の都市にある樹木の総炭素蓄積量は約７億トンで、年間2400万トン（8850万トンの CO_2 に換算される）と推定されていた。

・英国のマンチェスターでの調査によると、将来の気候変動予測のもとで、高密度の都市部や街の中心部の植物による被覆を10％追加すると、エネルギー排出量の高い地域を除けば、地表の温度は地元がそれまで基準としてきた温度よ

浸透性の駐車場と舗道。植栽地は雨水が溜まる排水溝を兼ねている。

りも歴史的に低いレベルに保たれると予測された。

・一般に居住用不動産価値が上昇した理由の37％が、その敷地にある樹木や植生の存在に関連している。

ポートランド市内の住宅街と街路樹

テキサス州ヒューストンにあるバイユーベンドビジターセンター

湿地とは、少なくとも一定期間水で覆われているか、水が常に飽和している土地のことである。特に小さな湿地は多くの場合に大草原や森の中で発生するが、一般的には河川などの低い土地に沿って発生する。

人工湿地

・人工湿地を利用した排水処理システムの建設コストは、従来の高度処理施設の能力の容量1ガロン当たり約10.00ドルと比較して、容量1ガロン当たり約5.00ドルである。

区割り計画（ゾーニング）

・カナダのコミュニティは、将来の気候変動が及ぼす影響を管理するには、より多くの洪水管理インフラを造ることで再ゾーニングだけで1億5500万ドル節約できる一方、洪水被害を回避することができると予測した。

気候変動への対応：気候拡張

地方自治体およびコミュニティは、気候変動に対するレジリエンス（回復力）の増強を含む様々な環境目標や経済目標を達成するためにグリーンインフラを使用するが、グリーンインフラによる解決策が気候適応のための最良管理実践であ

約28エーカーのメロンアリーナの再開発のための青写真になるマスタープランニング。メロンアリーナは1960年代に建設され、最近までピッツバーグペンギンズNHLチームのホームとなっていた。その場所のゾーニング例である。

ることは、実はあまり知られていない。多くのコミュニティは、グリーンインフラがもたらす利益をまず認識していないか、従来のグレーインフラよりも実装が高価だったり困難だったりすると考えている。一方で、グリーンインフラを取り入れたコミュニティの方は、それを気候変動への適応策とは捉えていないかもしれない。あるいは、そう認識していても、グリーンインフラを計画し実行するのに必要な能力やノウハウ、リソースが不十分かもしれない。この認識や意欲の不足、能力の欠如という障壁に対する一つの解決策が、気候拡張である。

気候拡張とは、気候変動への適応情報をカスタマイズして提供し、特定の地域の適応需要を満たすための技術援助と適応能力を提供するための手段である。グリーンインフラを気候への適応と結びつける実践的な助言は、地元のコミュニティに存在する大学、非営利団体、連邦政府、州政府などの「気候変動専門家」からもたらされる可能性がある。米国の気候変動の専門家は、グリーンインフラの実践について、地方自治体や敷地の所有者に技術支援を提供することができる

河口と気候変動のつながりを探る。地球規模の気候変動には海洋温度、気流、河口なども影響を受ける（NOAA 海岸管理局全国海洋観測所）。

気候変動が極端な気候事象を引き起こす

からである。

レジリエンスに対する質疑応答

グリーンインフラとその技術を導入して達成する環境と持続可能性の目標は、地方自治体や敷地所有者が、気候変動への適応やレジリエンスのあるコミュニティ構築のためにグリーンインフラがもたらす追加的な利益を理解することを意味する。

持続可能性、スマートな成長、気候に対する適応の３つが交わる領域すなわち、この３つを実現できるコミュニティは、自然や人に誘発される危険および災害の影響を受けにくいレジリエンスの高いものとなる。多様性、柔軟性、持続可能性、適応性、自己組織化、進化および学習の能力は、コミュニティのレリジエンスにとって主要なシステム属性とみなされる。気候変動に対する適応能力とは、解決策の計画・準備・実施へより包括的に焦点を当てた総合的なレジリエンスのことである。レジリエンスに対する質疑が今後はますます重要となる。それは、気候変動や極端な天候が都市に及ぼす影響に対してどのように備え、どのように管理

フロリダ州コロンビア郡のレイクシティの洪水（FEMA）

するのかを現地の計画立案や決定に組み込む必要があることを意味するもので、適応能力を高めることによってこの回復力を本質的に「主流化」する目的をもっている。

第2節　都市が気候変動に適応するためのグリーンインフラの価値を探る

「都市のシステムは、レジリエンスについて理解し、負の事象が発生しなくても価値を提供するデュアルユース技術や実践、システムを開発するための理想的なラボラトリとなる」[(1)]

気候変動のシナリオは、次の世紀にかけて都市部が極端な降水量と気温、暴風雨の頻度と強さ、および海面上昇を管理しなければならなくなると予測している。都市部では、すでに対処中の問題が増加しているが、これは、気候変動の影響がすでに発生していて将来さらに悪化する可能性があることを示しているか、少なくともそれを模倣している可能性がある。[(2)]

実際には、気候変動による影響は次のような事象である。

・長くて暑い熱波
・都市のヒートアイランド効果の影響による熱関連の病気の増加と冷房需要とコストの増加
・より大きな被害をもたらす嵐
・川の氾濫
・下水道のオーバーフロー（CSOs）の頻度と強度の増加
・深刻な干ばつの長期化
・水不足の長期化
・地域の生態系サービスの減少。例えば、ハリケーンの緩衝材となっていた沿岸湿地の喪失

気候変動によるストレスが建物や水道・交通インフラへ及ぼす影響や、緊急時の備えと計画、生活の質などにどのような効果をもたらし、どのようなこれらの管理が効果的であるのかについては現在あちこちで討議されている。たとえば、CCAPs アーバンリーダパートナーという団体は、「シカゴでは、温室効果ガスの排出量が高くなるという予測の下で、日中の気温が32度になる日が年間で15日から66日に増え、さらに 37度を超える日が30日以上増えると見込まれている」と予測している。

グリーンインフラは人と自然を仲介し、都市こそ自然を内包すべきだとして都市の本質に働きかける。

気候変動により熱波は、より長く、より頻繁に、より強くなると予測されており、これに伴い、死亡率などの公衆衛生上の影響も増加すると予測されている。また24時間で2.5インチを超える降水事象の発生頻度も増加し、洪水リスクの変化に対応した雨水管理の必要性が生じる。(3)

トロントでは、2005年8月の特に激しい降雨の時に、嵐がフィンチアベニューの一部を洗い流し、河川や峡谷、流域は突発的な洪水に見舞われ、川岸が侵食され、木々や公園に被害をもたらした。4200軒以上の地下室が浸水した。公有地および私有地への被害は、5億～400億ドルと推定されている。これは、トロント史上最も大きな被害をもたらした嵐であった。フィンチアベニューだけで4000万ドルの修復コストがかかった。この嵐は気候変動に直接起因するものではないが、トロント市は、気候変動が激しい雨の発生頻度を増やす恐れがあるとして、今後のこうした嵐に備えている。(4)

低地にある沿岸部のなかでも、マイアミ・デイド郡は特に気候的に脆弱なところである。ここでは海面上昇による潜在的な影響やより激しい嵐とより頻繁な強いハリケーンの急増が危惧されている。最近の調査によると、マイアミは現在、100年暴風雨が発生した際に総資産が沿岸洪水の被害にあった世界の都市トップ20のうちの第1位にランクされている。マイアミの現在の総被害は4160億ドル以上と見積もられており、これは2070年代までに3.5兆ドル以上に増加すると予測されている。(5)

レジリエンスのある都市システムの特徴は、柔軟性、多様性、持続可能性、順応性、自己組織化、自給自足、学習などの要素に被害を受けてもそこから跳ね返る能力をもっていることである。[(6)] しかし、コミュニティのこの回復力と気候への適応に対して、価値を割り当てることは困難である。なぜなら、将来の気候よってもたらされる影響とそれに対して、社会が「適切に」適応したかどうかの推察には不確実性があるからである。

グリーンインフラを中心にすえた複数の目標達成をめざす無帰責性の政策ならば、気候変動のいかんにかかわらず測定可能な利益をもたらすことができる。

最近の考えでは、従来のグレーインフラと組み合わせたグリーンインフラは、都市の持続可能性と回復力を高めるための地方レベルでの最良管理実践として認定されている。[(7)] さらに、グリーンインフラは現在、気候変動の新興・不可逆的な影響に適応するものとしてもその価値を認められている。[(8),(9)]

その結果、一部の地方自治体は、気候変動に対するヘッジとしてグリーンインフラを採用している。特に、複数の利益を求める場合にグリーンインフラを採用することが多い。グリーンインフラの複数の利益を特定することは、気候変動の時期や範囲および速度にかかわらず、なんらかの対抗行動を引き起こす。

グリーンインフラとは本来、生活の質の向上、あるいは、水の浸透や洪水制御などの「生態系サービス」を提供する都市とその周辺の公園や森林、湿地、緑地帯、洪水路などを特定した言葉であった。[(10)]

しかし今日では、グリーンインフラとは、都市が自然のアプローチを組み合わせて達成しようとする環境や持続可能性の目標に関連するものとなった。そこで、「グリーン」なインフラとその技術的実践には森林などの装置のほかにも、緑（グリーン)、青（ブルー)、白（ホワイト）の屋根、硬質あるいは軟質の浸透性地表面、グリーンアレー（緑の路地）とグリーンストリート、都市林、湿地などの緑空間、さらには、洪水や沿岸の嵐の被害に対応するために建物を適応させることなどが含まれる。[(11)]

対照的に、グレーインフラとは、強烈な降水事象による雨水流出の増加に対処するためにさらに多くの排水処理施設を建設することなど、気候の影響に対する伝統的なアプローチを指している。グレーインフラ・アプローチはコミュニティが気候レジリエンスを発揮できるようにするために、グリーンインフラのアプローチを補完する。例えば透水性舗装などの革新は、グリーンとグレーのインフラのハイブリッドと考えることができる。グリーンインフラを実施するための非構造的アプローチは時に「ソフト」アプローチと呼ばれるが、「ソフト」とは規制や市場インセンティブなどの行動を変える制度的手段を指していることもあり、意義深い言葉である。

グリーンインフラ・アプローチの適用範囲は、建物、敷地、近隣地区から都市や大都市圏全域まで広範囲に及ぶ。その戦略は、大規模で一元化された公共の「マクロ」プロジェクトでも、または民間敷地の小規模で分散された「マイクロ」プロジェクトでも実装することができる。[12]

したがって、グリーンインフラがもたらす利益は、建物や敷地で測定することができる。個々の所有者が利益を享受できるように、あるいは、複数の私有地にグリーンインフラが跨っている場合には、その利益をコミュニティ、市、郡、地域さらには国全体の利益として集約することができる。個人レベルではなくコミュニティレベルでのグリーンインフラの実施は、地方自治体が自分たちの管轄区域内で環境、持続可能性、適応目標を達成するのに役立つのである。

グリーンインフラ・アプローチは、気候への適応の他にも様々な成果を達成するが、それ以上に持続可能性とレジリエンスの目標を達成するのに役立つものである。グリーンインフラによる気候適応の利益は一般的に、極端な降水や気温の影響を緩和する能力に関係している。具体的には、暴風雨時の雨水の流出や下水道からのオーバーフロー（CSOs）の削減、雨水の集水と保全、洪水の防止、暴風雨の防御、海面上昇に対する防御、自然災害への適応（例：洪水氾濫源の外への再配置など）、および周囲温度の低下と都市ヒートアイランド（UHI）効果の緩和などがある。米国環境保護庁（EPA）はまた、グリーンインフラは、人間の健康と空気の質の向上、エネルギー需要の削減、資本コストの削減、炭素蓄積の増加、野生生物の生息地と余暇空間の追加などに寄与し、さらには不動産価値を最高で30％増加させることがあるとしている。[13]

上記の利点を考慮すると、グリーンインフラ・アプローチは、気候への適応の他にも、様々な成果が持続可能性と回復力の目標を達成するのにも役立つことが分かる。グリーンインフラの価値は、「ハード」なインフラの代替案のとしてのグリーンインフラ実践にかかるコスト、それを実践することで回避された損害の価値、または価値を高める市場の選好（例えば財産価値）に対して計算される。[14]
グリーンインフラがもたらす利益は、一般に環境保護の内の５つのカテゴリに分けられる。

（1）土地の価値
（2）生活の質
（3）公衆衛生
（4）洪水緩和
（5）法令順守[(15)]

グリーンインフラやグリーンな技術による気候変動への解決策は、雨水管理や地域の周囲気温の低下など単一の目標を念頭に置いて実装されることが多く、コストと利益についても同じように評価されることがよくある。しかし、グリーンインフラを整備することで得られる完全かつ純粋な利益は、複数の利益を包括的に説明することによってのみ実現することができる。例えば、木々は水をろ過し、雨水の流出速度を遅くし、局所を冷却し、都市の熱影響を減らし、空気を清浄なものとする。さらに、グリーンインフラの適応実践の中には、温室効果ガスの排

不安定な環境の中で気候と人間のレジリエンス（回復力）を求め、生活の質を生み出すグリーンインフラ計画。

出を削減することによって気候緩和という目標にコベネフィットを提供するものもある。例えば、木々は炭素を吸収して貯蔵し、人為的な冷却需要を減らして電力需要も減らすことができる。

第3節　気候変動に対応するグリーンインフラ実践：各論

各論1．エコルーフ

エコルーフは一般的に２つの主要な気候変動駆動体（極度の降水や気温）に対応するために設置される。エコルーフには、グリーンルーフ(植生)、ホワイトルーフ（別名：クールルーフ：冷却)、ブルールーフ（水管理）の３種類がある。この３種類の屋根は、避難所を提供するだけの典型的な「黒い」屋根と比べると明確かつ重複した利益がある。主に省エネルギーやピーク時のエネルギー需要の削減に関心のある限られた予算のコミュニティや建物所有者は、一般にクールルーフに大きな関心を持っている。これらの屋根はどれも、ライフサイクルコストと公的利益を考慮することができるが、また、幅広い環境への影響（特に雨水管理の向上）に関心のある人は、グリーンルーフの設置を選択してもよい。シカゴやニューヨーク市などの持続可能性を実現する先駆者たちは、クールルーフとグリーンルーフの両方の屋根技術の価値と機会を認識しており、両方の選択肢を奨励する努力を支援している。(16)

エコルーフは通常、次のような補完的環境の目標および持続可能性の目標を達成するために設置される。

・節水
・雨水の流出と水質の管理
・地域および地域の冷却
・美的価値
・節電
・野生動物の生息環境
・炭素吸収

３つのエコルーフ

エコルーフには主に、グリーンルーフ、ホワイトルーフ、ブルールーフの３つの種類がある。それぞれのエコルーフの敷地との関連、コスト、利益などについて説明する。

グリーンルーフ：単一の解決策であり、複数の利益を持つ

グリーンルーフ（緑化屋根）は部分的に、あるいは完全に、植物で覆われた屋根のことを指す。防水膜の上には、３～15インチの土壌、砂、砂利などの層が広がり、その地域の気候に適した植物で覆われている。構造には、防根シートや排水ネット、灌漑システムなどの追加的な層を含むこともできる。グリーンルーフの植生は、メンテナンスを容易にするために、屋根全体の土壌に植物が広がるように、モジュール式トレイに植え付けることができる。屋根はこの余分な重量を支えるために構造的に強化されていなければならず、古い建物の場合は、すでに他の理由で補強されていない限り、この目的のために改装する必要がある。グリーンルーフは集約的（80～100ポンド/平方フィート）にも、拡大的（15～50ポンド/平方フィート）にもどちらにもすることができる。集約的なグリーンルーフには屋上庭園も含まれ、他方、拡大的なグリーンルーフとは広範囲な緑化屋根のことである。一般的に審美的な目標を達成し、浅い土壌層で拡大的に生長する植物材料のコストは１平方フィート当たり６～43ドルである。[17] 集約的なグリーンルーフの方は１平方フィート当たり20～85ドルで設置することができるが、こちらは、様々な水環境に耐えるより深い土壌とより硬い植物を必要とする。

グリーンルーフの１年間にかかるメンテナンスコストは、屋根の性質や地域の気候条件、地域の労働率によって大きく異なるが、経験則として、植栽が活着した後の年間メンテナンスコストは、およそ建設費の２～３％が目安とされている。[18] また、グリーンルーフには、屋根の下地材を風の被害から保護し、UV屋根の寿命を２～３倍に延長し、関連するライフサイクルコストの削減を実現するという利益もある。[19]

さらに、グリーンルーフは、年間の雨水流出量を平均で50～60％削減することができるが、これにはピーク時の流出量も含まれている。[20] 雨水流出については、一般に30～90％の流出量と速度を制御するが、１インチ以下の降雨の場合には全体の90％を拘留することができ、それより大きな雨の場合でも少なくとも30％は拘留することができる。[21]

集約的なグリーンルーフの場合は、拡大的なグリーンルーフよりも表面流出の管理に優れており、約２倍の良好さを誇る。植物の季節的な蒸発散量や生理学的な蒸発散量もまた流出管理の効率性に影響を与え、冬の季節よりも夏の生育期の

方が効率的である。一度活着をしてしまえば、集中的なグリーンルーフの場合、水に含まれる栄養素汚染物質を最高で85%までとらえることができる。こうした特徴は、都市部のコミュニティに実体的なメリットをもたらすものである。ワシントンD.C.は、グリーンルーフを最も適格な建物に設置した場合、地元の河川に流れ込む合流式下水道からのオーバーフローの量を6～15%削減することができるとし、CSOsの水量自体は最大で26%削減できると見積もっている。(22)

ニューヨーク市の場合を紹介する。ここでは、40平方フィートのグリーンルーフを一つ設置すると、この屋根一つ当たり年間で810ガロンの雨水を集めることができる。最近の河川保全者たちの調査によれば、各設置に1000ドルかかると仮定して、10万ドルの投資が8万1000ガロン以上の雨水の集水につながる可能性があるという。(23)

グリーンルーフは、粒子状物質（PM）や窒素酸化物（NO_x）、二酸化硫黄（SO_2）、一酸化炭素（CO）、地上オゾン（O_3）などのガス状汚染物質を含む大気汚染物質もろ過することができる。研究者らは、1000平方フィートの面積のグリーンルーフは毎年、酸素を排出して二酸化炭素（CO_2）を除去しながら、同時に空気から約40ポンドのPMを除去していると推定している。40ポンドという量は、乗用車15台のPMの年間排出量にほぼ匹敵する。また、グリーンルーフがもたらす利益は気候変動の緩和にも拡大されている。さらに、グリーンルーフの植物や土壌は炭素を貯蔵することができる。モデリングは、グリーンルーフが特に夏の冷房時期、従来の屋根に比べて、建物の電力消費量を2～6%削減する可能性があると判定した。(24)

また、ある研究では、グリーンルーフは、1平方メートル当たり375グラムの炭素隔離を行うと推定している。しかしながら、グリーンルーフで用いられる植物の多くは小さく、土壌層は比較的薄いため、グリーンルーフは樹木や都市の森林ほど大きな炭素貯蔵能力は持たない傾向がある。(25)

グリーンルーフの最大の利益の一つは都市のヒートアイランド効果と戦う能力であろう。いくつかの事例では、グリーンルーフは、従来の黒い屋根と比較して、その表面温度を30～60度、また、周囲温度を5度低下させることが示されている。ポートランドの研究では、グリーンルーフの普及が100%の近隣地区ではヒートアイランド効果による影響が50～90%低下する可能性があると計算されている。さらに、ニューヨーク市とトロントの調査によると、都市全体のわずか

準集約的グリーンルーフの場合は地面を覆うような植物を植えることもできるが、生育土壌の厚さが厚いほど草や多年草や小さな潅木を受け入れることができる。準拡大的なグリーンルーフの土壌厚は約５インチから７インチで、重量は25 lbs/ft^{2}から45 lbs/ft^{2}までさまざまである。植物の種類によって、灌水システムとメンテナンスの可否が変化する。拡大的なグリーンルーフは灌水もメンテナンスも集約的グリーンルーフよりも要求は少ないが必要である。

50％の屋根にグリーンルーフを設置することで、地域的なヒートアイランド効果を抑制し、0.4度の気温低下を達成できると推定されている。同様に、環境団体・環境カナダの調査では、トロントの利用可能な屋根面積の６％が夏期の気温を全体的に１度〜２度低下させると判定した。(26)

また、生活の質の改善に関してグリーンインフラの利益を述べるならば、都市景観にグリールーフを含めることで、騒音を２〜８デシベル低減することが示されている。(27)

グリーンルーフの経済コストと利益

グリーンルーフのライフサイクルコストと利益は状況や規模に応じて変化するが、メンテナンスコストを考慮しても、従来の屋根に比べて都市の流域に対する正味現在価値は10〜14％ほど高いと評価されている。いくつかの研究では、雨水管理と電力コスト削減という利益に基づいて、従来の屋根よりも20〜25％高い価値が推定されており、これに大気質の向上という利益が追加されると最大で40％の価値の上昇が推定される。また、いくつかの調査では、年間のエネルギー消費量の15～45％（主に冷房コストの軽減によるもの）が、グリーンルーフによるエネルギー節約として示されている。これらの数字には、屋根の寿命の延長、断熱効果、都市ヒートアイランド効果の抑制、地元の水質改善、下水道からのオーバーフロー（CSOs）の減少、都市の生物多様性、騒音軽減、美的価値や資産価値の上昇、または、名目上の炭素隔離などから生じる全体的な金銭価値については含まれない。[28]

表４　トロントにおけるグリーンルーフの都市全体に及ぼす潜在的価値の推定値[29, 30]

	$118,000,000	-
合流式下水道からのオーバーフロー（CSOs）	$46,600,000	$750,000
大気の質	-	$2,500,000
建物が消費するエネルギー量	$68,700,000	$21,560,000
都市のヒートアイランド	$79,800,000	$12,320,000
合計	$313,100,000	$37,130,000

ミシガン大学の研究では、従来の屋根の予想コストと２万1000平方フィートのグリーンルーフのコストとを、雨水管理やNOxの吸収による公衆衛生の改善など、すべての利益について比較した。2006年の物価で、グリーンルーフは設置に46万4000ドルかかるのに対し従来の屋根の方は33万5000ドルで済み、両者の差額は12万9000ドルであった。しかしその生涯にわたって、グリーンルーフは約20万ドル節約すると推定される。この節約額のほぼ３分の２は、グリーンルーフの設置によって建物のエネルギー需要が減少することによる。[31]

さらに、ポートランドは、2008年に現在のグリーンルーフ・プログラムの包括的なコスト利益分析を行ったが、それによれば、グリーンルーフは各敷地所有者に平均で40年間にわたって40万4000ドルの純利益を提供すると計算されている。これは、雨水管理料の回避や冷暖房コストの削減、屋根の寿命の延長などの利益から換算された数字である。公共施設のグリーンルーフの場合は、グリーンルーフを設置することで運用・メンテナンスコストの削減や雨水管理料の回避、微粒子汚染と炭素吸収がもたらす利益、および野生生物生息地による快適性の向上などから、19万1000ドルの正味利益がもたらされると見積もられた。[32]

事例　グリーンルーフ：シカゴ市庁舎

シカゴには2001年、デイリー市長が都市のヒートアイランドイニシアチブの一環として市庁舎に２万300平方フィートのグリーンルーフが設置された。屋根には２万を超える植物が草や低木、つる性植物から樹木まで植えられている。隣接する通常の屋根と比較すると、市庁舎のグリーンルーフの方が5～6度温度が低い。また、それに加えて、大気質の改善や１インチ降雨の雨水流出の75％減少や省エネなどの利益も得られた。

市は、年間9270 kWh 以上の電力と約740 BTU の天然ガスの節約を期待している。この量は、EIA 換算係数を使用して CO_2 に換算すると（カーボンフットプリント：CO_2e)、6.3トン以上になる。[1] エネルギーコストの節約は、エネルギー価格の上昇に伴い増加するが、年間3600ドルから 5000ドルと推定される。[1] 今日まで、シカゴには400を超える件数のグリーンルーフ・プロジェクトがあり、面積にして700万平方フィートのグリーンルーフが竣工あるいは建設中など様々な開発段階にある（この値は、他のすべての米国の都市にあるグリーンルーフの合計値以上の値である)。

ホワイトルーフ：市のヒートアイランド効果への適応

都市のヒートアイランド効果は、屋根や舗装などの硬く暗い表面が自然界の地表面よりも熱くなる傾向があるために発生する。夏の暑い日には市の気温は２～5.5度上昇する。ホワイトルーフまたはクールルーフと呼ばれる屋根は、一般的に平坦な屋根で、白色に塗装されているか、または他の明るい素材や反射材で表面が覆われている。研究によると、従来の屋根の場合、任意の日に大気よりも31～55度も高温になるが、クールルーフは背景温度の上昇を６～11度以内に留める傾向がある。

この冷却性能は、周囲温度を下げ、ヒートアイランド効果を緩和し、熱波の時期に人が死亡するのを防ぐのに役立っている。[33] 白いビニールの屋根は、ホワイトルーフに使用される材料のなかでも最も反射的で一般的な材料であり、従来の黒い屋根の反射率がわずか６％なのに対して太陽光の80％を反射し、黒い屋根が受け取る熱吸収のうちの70％を避けるものである。コーティングによっては、さらに高いレベルの反射率に達することができる。[34]

ホワイトルーフの経済的コストと利益

ホワイトルーフにかかるコストは、設置面積１平方フィート当たり0.20ドルから6.0ドルである。[35] このクールルーフによるエネルギーの節約は、冷房コストの節減による金銭的節約を招くが、それは、単位建物当たりの総エネルギー使用量の10～70％を削減することにまで及ぶ。さらに、冷却エネルギーのピーク需要は、ホワイトルーフを設置した後には14～38％の範囲で削減される。米国11の都市での調査によれば、ホワイトルーフのエネルギー使用量の削減による純コストの平均節減額は、その設置面積１平方フィート当たり年間0.22ドルに達している。[36]

シカゴ市庁舎：グリーンルーフは建物を冷やし、雨水の流出を最小限に抑えるのに役立つ。従来、都市部の屋根のほとんどがアスファルトや黒タール、砂利バラストなどで造られており、こうした暗色の屋根からは熱が放射され、雨水は硬質なこの不浸透性の表面の上を流れ去る。しかし、シカゴ市庁舎の屋根はこうした一般的な屋根の単調性を破るもので新しい可能性に満ちている。

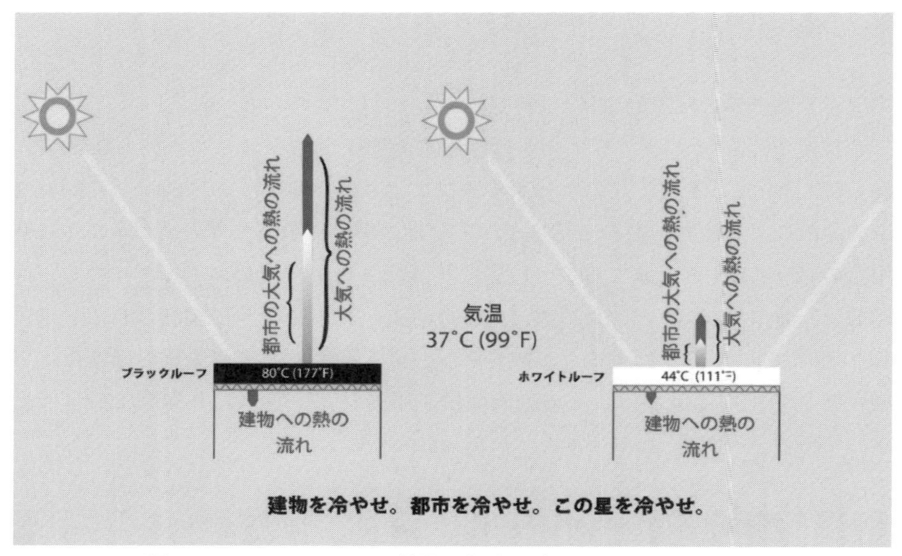

図９　ヒートアイランド効果と都市を冷やすホワイトルーフ

ホワイトルーフの反射がもたらす利益は、ホワイトルーフが建設されればされるほど全国または全世界的に集約されるようになるが、通常は都市部で局所的に発生している。ローレンス・バークレー国立研究所（LBNL）のヒートアイランドグループによる2009年の研究は、米国内のホワイトルーフを持つ建物の空調設備の80％を改装することで、年間エネルギー消費量を７億3500万ドル削減することができるということを示した。これは、道路から120万台の車を排除するのに相当するCO_2の排出削減を実現する。また、2010年の同研究所の研究では、大都市の屋根や道路の反射率を高めることで得られる冷却効果がどのようなものかを判断するために、地球規模の気候モデルを用いたが、それによれば、人口100万人以上の都市部にある表面の反射率を高めることで、気温が平均0.4度低下することが分かった。これは、毎年1.2ギガトンのCO_2排出によって生じる加熱効果を相殺する値であり、言い換えると、20年間かけて３億台の車を道路からなくすことで得られる効果と同等である。[37]

アリゾナ州ツーソンのデモンストレーション・プロジェクトでは、クールルーフが建物内部の温度を下げる方法と毎年４億 Btu（英国熱量単位）以上を節約することが示された。白いエラストマーコーティングが、街の管理する建物の上の

以前は、北アメリカの多くの家屋がシンプルな樹脂で覆われていた。しかし今日夏に家を冷やし、寒い時期に熱を保つためには、たくさんのお金とエネルギーを費やさなければならない。だが生態学的で快適性を伴う革新的なエコルーフによる解決策は非常にシンプルであることが判明した。

2万8000平方フィートの陰影のない金属屋根上に設置された。その設置の後、この建物のエネルギー節約量は、ここで使用される冷却エネルギー量の50～65％と計算された。使われずに済んだエネルギーコストは、年間約4000ドルになった。

ブルールーフ：水管理の課題に取り組む

現在の米国の上下水道および雨水管理システムの修復と更新には5000億ドルが必要とされるが、気候変動の影響に対応するためにはさらに5000億ドルが必要と見積もられている。[38] この見積もりには、合流式下水道からのオーバーフローを管理するコスト636億ドルと雨水管理コスト423億ドルが含まれている。[39]「ナチュラル・セキュリティ」は、環境NGOのアメリカン・リバーズが、次の世紀に引き継ぐ水管理のための優先的アプローチとして、グリーンインフラを認定している。グリーンインフラはコスト対効果に優れ、気候変動が地域社会に及ぼす影響に対して柔軟に対応することができるのがその理由である。[40]

ブルールーフという実践がある。それは、増大する水管理需要に対応するグリーンインフラによる解決策の一つである。ブルールーフも標準的なグリーンルーフと同様に、雨水の流出を遅くしたり蓄えたりするが、ブルールーフの場合は、植生の代わりに様々な種類のフローコントロールを使用して、水の調整や遮断、貯留などを行う。ブルールーフ技術の例として、縦樋弁、樋貯留システムおよびタンクなどが挙げられる。ここで水は一時的に貯蔵または集められ、敷地内での飲用不可能な用途に使用されたり、景観や庭の灌水に使用されたり、縦樋の分断や浸透システムなどの方法を使って直接の地下水の涵養に利用または再利用されたり、嵐のピーク流の発生後や流速が低下した後に、下水道に直接排出されたりする。また、集められた雨水は建物の蒸発冷却効果を高める目的で、屋根に直接噴霧することもできる。

ブルールーフの目的は主に、現状では不十分な雨水インフラや老朽化している地域の雨水インフラの過負荷を軽減すること、局所的な洪水と潜在的な洪水被害を防止すること、および、合流式下水道からのオーバーフローをなくすために敷地内の開発前の雨水流出率を模倣することである。ブルールーフはまた、１つのLEEDのクレジットを獲得する浸透システムと、「水効率」ガイドラインの下で３～４項目のLEEDクレジットを獲得するために、水を貯蔵する仕組みを備えた低影響開発（LID）基準を達成することにも貢献する。[41]

ブルールーフの経済的コストと利益

ブルールーフによるフローコントロールを追加すると、新しい平屋根の設計に１平方フィート当たり１～４ドル以下の追加または増分コストがかかる。しかしブルールーフは、グリーンルーフとは異なり、改修する際に高価な構造補強を必要としない。さらに、特に始動時のメンテナンスが少なくて済み、グリーンルーフの場合は下水道へと流出する可能性のある栄養素や化学物質もブルールーフの場合は排出しない。一般に、貯蔵能力を有する典型的なブルールーフならば、毎年その場に降った雨の約50％を貯蔵することができる。[42]

1000平方フィートの屋根に降り注ぐ１インチの雨は、集めると623ガロンの

ブルールーフの実践：制御された屋根排水を利用するこのシステムは、一般に、平坦あるいはほぼ平坦な屋根（フローより２％未満の勾配）を必要とする。勾配率が２％より高い場合は、チェックダムを使用することになる。

水になる。[43] ブルールーフの設置は省エネルギーになり、CO_2 の排出削減にもつながる。100万ガロンの雨水を処理するには、955～1911kWh の電力が必要である。カリフォルニアでは、100万ガロンの水を運搬して処理および配分するためのシステム全体のエネルギーコストは１万2700kWh、排出される CO_2は8.6トンとなる。[44]

このような処理すべき水量を減らすことによって、地域社会はエネルギーの消費を節約し、同時にCO_2の排出を削減することができる。集められて使用される雨水１ガロン当たりの節約価値は、水の現地市場価値に依存する。雨水の拘留および維持の価値は、地方の雨水手数料の節減や要求一般的には地方の水質改善（クリーンウォーター法の規制措置費の回避を含む）に応じて、または、合流式下水道からのオーバーフローや洪水被害などに応じて、地域により異なる。ワシントン州シアトルでは、様々なブルールーフの実践例が紹介されている。シアト

屋根排水口のチェックダム（堰）は一時的に水がたまり、やがてその水は緩やかに放出される仕組みである。（ニューヨーク）

ルのレインキャッチャーパイロットプログラムは、次の３つの異なるタイプの雨水集水システムで構成されている。

1．タイトライン - 雨水の流出を歩道の流水孔を通って庭の下を流れるパイプに導き、抑制する。
2．タイトラインからタンク - 最初の流出地点にあるタンクで降雨時に水を集め、それから地下のパイプにゆっくりと放出する。
3．タンクに取り付ける開閉部品 - これには降雨中に開いて、芝生や雨の庭™などの浸透性の地表面にタンクから少量の水を排出し、雨の流れを減速させるための弁も含まれる。この弁はまた、屋根からの500ガロンの流出水を貯蔵する際には閉じることができる。タンクに貯めた雨水は後に灌水に使用できる。タンク一つの卸売り購入にかかる325ドルと、設置とオーバーヘッド部品に675ドルの合計で1000ドルのコストがかかる。シアトルは現在、このタンクシステムが下水道に与える影響を助成金の一部を用いて分析している。(45)

事例　雨水集水の価値[46]

・キングストリートセンター（シアトル、ワシントン州）：このセンターはトイレの洗浄や灌水に雨水を使用している。建物の屋根から流れ出る雨水は、３つの容量5400ガロンのタンクに集められる。この雨水の集水と再利用のシステムは、トイレの洗浄に必要な年間水量の60％をまかなうことができるもので、それによって、およそ約140万ガロンの飲料水を毎年節約することができる。

・ソレアビル（ニューヨーク、ニューヨーク州）：建物の地下にある１万ガロンの水槽に雨水を集める。集められた水は、トイレの洗浄や補給水として使用される。システムなどの措置は建物の飲用水の使用を50％削減し、持続可能な建設のためのニューヨーク州初の税額控除を獲得した。

・スティーブン・エプラーホール（ポートランド州立大学、ポートランド、オレゴン州）このホールの雨水管理システムは、２つある建物の屋根に降った雨を集めるように設計されており、公共の広場におかれた数個の「スプラッシュボックス」に分かれて送られる。ここで水はろ過された後、地下水槽に集められてから、トイレの洗浄や景観での灌水用に再利用される。この雨水の集水と再利用システムは毎年約11万ガロンの飲料水を節約し、毎年1000ドルの節約を提供している。

様々なエコルーフの性能と価値の比較を次の頁で示したように、各屋根の技術は、全体的な純利益と設置や維持のためのコストとの間で様々な性能特性とトレードオフを示している。グリーンルーフは土壌や植生で覆われているため、一般的には建設・改装・維持にコストがかかるが、他の種類の屋根よりも優れた性能を持っており、より高い経済的価値や社会的価値、環境的な価値を生み出すものである。例えば、屋根面積が１万1000平方フィートの場合、ホワイトルーフは年間約200ドルの冷房コストの節約をするが、暖房コストの削減には寄与しない。一方で、グリーンルーフは年間約400ドルの暖房コストを節約し、年間250ドルの冷房コストを節約し、合計で年間650ドルの節約をする。[47]

ブルールーフとホワイトルーフは、どちらも設置と維持が安価であるが、水の節約と流出抑制か、あるいは熱の削減か、それぞれどちらか片方に関連する利益しか提供できない。しかし、３つのタイプすべてが気候変動に適応する価値を持っているので、地方の意思決定者は、それぞれの解決策で享受できる利益について、自分たちが取り組むべき気候変動による影響を見据えながら、どの屋根が適しているのか評価する必要がある。他に評価すべき特性として、コストベネフィット分析の比較、実施規模、地域社会への一般的受容性、地方気候に対する適合性などが挙げられる。例として、表５は、ニューヨーク市のグリーンルーフとブルールーフを比較して、コストや影響その他の特性の違いを示している。

表５　雨水性能とグリーンルーフ、ブルールーフの価値[48]

ニューヨークの雨水管理技術の相対コスト：ブルールーフとグリーンルーフ							
源制御ソースコントロール	増分資本コスト（１平方フィートまたは１単位当たり）	正味現在価値（１平方フィートまたは１単位当たり）	寿命（年数）	年間コスト	集水量（ガロン）（１平方フィートまたは１単位当たり）	１ガロン集めるのにかかるコスト	１ガロン当たりの正味年次コスト
ブルールーフ（２インチ拘留）	$4.00	$4.00	20	$0.20	1.25	$3.21	$0.16
ブルールーフ（１インチ拘留）	$4.00	$4.00	20	$0.20	0.62	$6.42	$0.32
グリーンルーフ（１インチ拘留）	$24.45	$62.39	40	$1.56	0.47	$133.37	$3.33

各論２．浸透性舗装：グリーンアレー（緑の路地）

都市におけるグリーンアレーとグリーンストリートは通常、火災や警察および配達サービスによる公共のアクセスを可能にする私有地に隣接する公共スペースであり、また、雨水の流出や建物と敷地周辺の熱影響の管理にも使用される。都市の路地は伝統的に不浸透性の材料（アスファルト、コンクリートなど）で覆われており、車両へのアクセスを提供することに加えて、雨水の下水道への急速な流出を達成することを目的としている。

しかし、頻繁な降雨や強烈な降雨が不浸透性の表面と組み合わされた場合、予想される気候変動の条件の下で局所的な洪水はさらに悪化して発生すると予測される。古いインフラは、特にこの問題を抱えている。暗い色の材料や日陰のない路地では建物周辺の気温は上昇し、建物の冷却に要するエネルギー需要は増加し、結果として建物所有者が費やすコストは増加する。

温度が高くなるほどヒートアイランド効果の影響も大きくなり、空気の質が低下する可能性がある。グリーンアレーは、この影響を管理するのに役立つ。それは、雨水管理、熱の削減、省エネルギーなどの目標を達成するための実践であるが、複数の敷地や近隣地区に地域固有のグリーンインフラという革新的な技術を融合することで、複数の利益と気候適応を実現する一例でもある。具体的には次のとおりである。

プランニューヨーク（PlaNYC）の持続可能な雨水管理計画2008年[48]

・浸透性舗装と反射性舗装
・雨の庭 TM（雨水を集めるための植栽のある人工的な窪地）
・縦樋と雨水樽
・植樹
・造園と生物湿地（人工的に植えられた植栽）
・タンク
・エコルーフ
・リサイクル材料[49]

また、グリーンアレーは都市の持続可能性に貢献するので、LEED 認証のクレジットを得ることができる。透水性の舗装は、雨水の水質保全、ヒートアイランド効果の削減、およびリサイクル資材としてのクレジットを得ることができる一方で、景観設計は水効率のクレジットを得ることができる[50]、[51] 流出量の減少と雨水の集水は、一般に揚水需要と電力コストを削減し、緩和と適応という目標に合致する。次に、２つのグリーンアレーのツールについて説明し、透水性舗装と縦樋の分断および雨水集水についても説明する。

グリーンアレーと透水性舗装

透水性舗装は水が地面に浸透することを可能にした材料で作られており、暴風雨管理システムとしてそれ以上のなにかを達成するものではない。透水性舗装を使うという戦略の目的は、草原や森林に類似した都市景観で雨水の流出が浸透できる敷地環境を作り出すことである。研究は、適切な「サブソイル（下層土：表土の下の多孔質層の維持）」を整備された透水性舗装ならば雨水流出量を70～90％削減できることを示している。[52] 一般的な路地に透水性舗装を施すと、１時間降雨から３インチの雨水を浸透させることができ、そのインフラの寿命は

30〜35年である。[53]

しかしながら、このような舗装は通常24時間以内に10年降雨を管理できる能力を備えるように設計されている。また、設計降雨の基準は、将来の暴風雨の頻度や強度の増加を考慮して調整されなければならない。研究によれば、透水性舗装は暴風雨などの管理の他にも都市に対して利益をもたらすことが分かっている。例えば冬の路上では、道路塩の使用を75％削減し、また、道路の騒音を10デシベル低減するという。[54]、[55]

都市のヒートアイランド効果を緩和する力に関して言うと、透水性舗装は反射率が高く、熱を吸収する能力が低く、蒸発能力が大きいので、より涼しくなる傾向がある。暗い色の舗装は太陽熱の65〜90％を吸収するが、反射的な透水性舗装は25％しか吸収しない。その結果、都市部に存在する全反射表面の面積が今よりも10％増えれば、ヒートアイランド効果の影響を低下させ、表面の温度を４度低下させる。ロサンゼルスでの調査によると、都市全体で舗装の反射率を10〜35％だけ増加させることで、ヒートアイランド効果によって温度が0.8度低下し、エネルギー使用量が減り、オゾン濃度が低下することから、年間9000万ドルの節減が見込まれるという。カリフォルニア州デイビスの場合、舗装面積を減らして緑化したことは、住宅のエネルギー料金を周辺地域と比較して33〜50％削減するのに役立った。[56] エネルギーの節約と排出削減に対し地球規模での可能性の推測がなされている。2007年の論文は、世界中の都市で舗装の反射率の平均が35〜39％に達すると、世界の CO_2 削減量は約4000億ドルになると推定した。[57]

グリーンアレーと縦樋の分断による雨水集水

雨水を制御するもう一つの方法は、家屋や商業ビルの屋上に降った雨を既存の雨水管理システムへ導く縦樋と雨水下水道を分断することである。そうしないと、豪雨の際に下水道へ水が殺到した場合、しばしばCSOsが発生してしまう。

しかし、縦樋から雨水下水道という雨水の輸送路を断てば、雨水は貯留タンクやゆっくりと分散して流れる雨の庭™のような雨水集水システムや雨水低速分散システムへ再接続される。この措置によって既存の下水道の負荷は軽減され、水の保全よって得られる利益を都市に提供する。縦樋の分断、新しい排水口、雨水樽、雨の庭™への水の誘導などには完全にプロフェッショナルな技術が望まれ、全部を専門家にまかせるとなると各家庭当たり約2000ドルのコストがかかる。しかし雨水樽自体は、わずか15ドルで購入することができる。[58]

縦樋を下水道から分断するのにかかるコストは、下水道から永遠に除去される雨水１ガロン当たり約0.01ドルとなる。ある研究は、近隣地区の80％がこの縦樋分断に参加した場合、その地域は１年降雨のピークフローから流出量を30％削減することができると指摘した。この研究では、縦樋の分断によってその地域のピーク時の合流式下水道からのオーバーフロー量は20％減少する可能性があると推定されているが、もしそこに縦樋の分断だけではなく住宅所有者による雨

雨水排水システムへ接続された横樋と縦樋。雨水樽を使用して雨水を集め雨の庭™に流すために縦樋は下水道から分断されている。

表6　雨水流出管理実践別雨水除去の比較

雨水制御方法	平均ピーク流量（除去率を％で表示）	ピーク時の平均時間差（分）
48インチの土壌深のバイオレテンション[60]	85	615
30インチの土壌深のバイオレテンション	82	92
人工湿地	81	315
滞留池	81	424
多孔質舗装	68	790
地表サンドフィルター	59	204
生物湿地：植栽された	48	19
生物湿地：樹木ボックスフィルター	データなし	19
2007年年次報告書：ニューハンプシャー大学雨水センター（ニューハンプシャー州ダーラム）		

の庭™が設置されていればさらに４～７％の流出量の削減を補完的に達成することができるという。[59]

ポートランドのコーナーストーン・プロジェクトは、合流式下水道からのオーバーフローを削減することを目的としたもので、このプロジェクトの自発的参加者に樋の切断１本につき53ドルを提供するか、またはその作業を行う請負業者にその支払いを行っている。地域社会のグループは、彼らが切断した縦樋ごとに13ドルを獲得する。このプログラムには現在４万9000人の住宅所有者が参加しており、1995年から2006年にかけて年間約4400の分断を達成し、合流式下水道から年間約15億ガロンの雨水を除去に成功している。表６は、各雨水管理実践がもたらす雨水流出の減少に関する様々な利益を示すもので、グリーンアレーとはこの中の多孔質舗装を主にバイオレテンションや生物湿地を組み合わせたものである。

事例　グリーンアレーと道路の開発の先駆者[61]：シカゴ

シカゴには1900マイルの公道があり、3500エーカー以上の舗装された路面をもつ。2007年には、透水性の舗装や反射コンクリートが施された30のグリーンアレーが設置され、市全体に200を超える貯水池が設置された。

シカゴの景観条例は、路地への植樹や、自然風の造園である雨の庭™および生物湿地（人工的に植えられた湿地）の設置を促した。グリーンアレーの設計はまた、住宅所有者が、建物の縦樋を下水道システムから遮断することや屋根から流れ去る雨水を捕らえるための雨水樽の追加、地下室のサンプポンプに対する電源のバックアップなどをするように促した。

と同時に、シカゴは建物の所有者に対し、グリーンルーフの設置を奨励した。これらの措置の目標は、敷地からの雨水の流出速度を遅らせることであり、グリーンアレーを通じて周辺の地域に水を浸透させることで、地上や地下の浸水を防ぎ、極端な降水量を処理するためのインフラ整備能力をサポートすることであった。2004年にシカゴは400の雨水樽を40万ドルのコストで住民に提供し、年間76万ガロンの雨水が下水道に流入することを防いだ。

グリーンアレーの経済的コストと利益

グリーンアレーやグリーンストリート、雨水樽、植樹などの雨水管理方法は、従来の方法と比べて投資1000ドル当たり３～６倍効果的であると推定されている。(62)

雨水管理コストの見積もりは、導入される技術の種類によって異なる。雨の庭™やバイオレテンションへの改装は管理される雨水１ガロン当たり大体2.28ドルから7.13ドルの範囲であり、浸透性の駐車場への改装は１ガロン当たり5.50ドルである。コストのかかる選択肢として縁石の伸長があるが、こちらは管理される雨水１ガロンあたり約10.86ドルで、透水性歩道の設置には、１ガロン当たり約11.24ドルのコストを要する。(63)

グリーンアレーに透水性舗装を敷くコストは、１平方フィート当たり0.10ドルから６ドルで、これは材料やメンテナンスによって異なるが、耐用年数も７～35年の幅がある。表７は様々なグリーンアレーでの実践コストを示している。

グリーンアレーの設置前と設置後

グリーンアレーの施工の様子（イリノイ州、シカゴ市）

表7　グリーンアレーの技術とそのコスト

グリーンアレーの技術	1単位を設置するのに必要なコスト
植樹	$50～$500 / 本
自生植物の植栽	$0.10～$5 / 平方フィート
雨の庭	$3～$6 / 平方フィート
雨水樽	$10～$5000 (64)
浸透性舗装	$3～$15 / 平方フィート
グリーンルーフ	$10～30/ 平方フィート
自然拘留	$0.7～$0.14 / 平方フィート
生物湿地	$8～$30/ リニアフィート

グリーンアレーというインフラを導入することによって得られる経済利益は、多くの場合導入にかかるコストを上回っている。例えばポートランドは、ある通りのプロジェクトで2週間かけて、1万5000ドルのコストで植生された生物湿地を設置した。この植生のある縁石伸長は、25年降雨（6時間で2インチ）のピーク流量を88％減少させ、その地域の地下質を洪水から守り、下水道へ流れ込む総流量を85％削減した。(65) 比較のために挙げると、浸水した地下室に対する平均的な国民の保険請求は、地下1階当り3000～5000ドルである。(66) つまりわずか3戸の家屋が1回の豪雨による地下浸水を避けられるだけで、この投資は正当化されるのである。この潜在的な節約の可否を考える際には、トロントのフィンチ・アベニューでの豪雨が4千軒以上の地下室の浸水と5億ドルの被害を引き起こしたことを忘れないで欲しい。

コラム　低影響開発（Low Impact Development = LID） (67)

EPAの調査では、低影響開発を使用した雨水管理と従来の雨水管理の選択肢を、性能を同等に保った17の地域の事例にて比較した。LIDの選択肢は、すべての事例でコストの優位性を15～80％示したが、これは水質に関する利益のみを考慮した結果である。(68)住宅区画にグリーンアレーに使われているようなLID技術を使用した開発者は、LIDを使用していない競合地域の区画より3000ドル以上高く区画を販売した。縁石、排水溝、雨水の下水道などを住宅区画の路傍の生物湿地に置き換えると、開発者は1マイルあたり7万ドル、あるいは1住居当たり800ドルを節約することができる。

ロサンゼルス郡では、LIDによる雨水管理には28億ドルから74億ドルのコストを要するが、そうすることで56億ドルから180億ドルの利益がもたらされると推定されている。下流の洪水を減少させるために流域全体にLIDを使用すると、1エーカー当たり54ドルから343ドルの経済利益がもたらされる可能性がある。[69]こうしたLIDにかかるコストの例として、シアトルは雨水を管理するための柔軟で適応性の高い自然排水システムを開発している。

72エーカーのビューランドカスケードプロジェクトでは、小雨において最高の性能を誇るよう雨水流出の75%〜80%とピーク流量の60%を削減するために「植栽されたセル（装置）」を使用した。このプロジェクトでは、カーブのある道路、植生湿地、補完的植栽などのグリーンインフラの実践を使用し、その結果モニタリングによれば、雨水の表面流出量を85万ドル、または1平方フィート当たり3〜5ドルのコストで99%削減した。[70]

LID：バイオレテンション

LIDによるバイオレテンション（生物滞留）という浸透実践は、雨の庭™、生物低湿地、人工湿地などを含む多種多様の種類と規模のものがある。いずれもグリーンインフラの一つの形態だが例えば、雨の庭™は、屋根からの縦樋や隣接した不浸透表面から水を集めるために凹型の底に掘られるもので、イネ科の野草などの長く根を下ろす植物を植えることで、最も性能を発揮する装置である。

また、生物低湿地は駐車場や道路、歩道などの舗装された敷地内で、その舗装地に隣接して設置されるのが典型的である。水を一定期間そこに留めさせて、その後に排水するもので、ここからのオーバーフローは下水道設備へ入るように設計される。そして、舗装表面の上を流れたことで通常含まれた砂泥と他の汚染物質を、事実上その場に閉じ込める。

グリーンインフラの有効性の測定

グリーンインフラの有効性を測定することは、雨水管理に開発の新しい枠組みと既存の枠組みへの適応をもたらした。以下は、その枠組みの例である。

本物の進捗インジケータ（GPI）

これは、総家計の尺度としての国内総生産（GDP）の欠点に対処するよう開発されたより広いメトリックである。1980年代後半に初めて公表され、それ以来科学文献で吟味されている。実用的な適用例では、米国のボルチモア市が、GPIを使用して、雨水管理計画の経済利益を定量化した。この予備的分析は、プログラムの費用と利益に関するより正確な経済データが利用可能になったことで、その結果、分析が更新されることを認識している。

グリーン対グレー分析（GGA）

米国持続可能な開発センターと他のパートナーは、新しい貯水池のような技術的解決策の費用対効果を評価するために、従来の公共インフラ分析モデルを拡張するGGA（Green vs. Grey Analysis）を開発した。これは、湿地、森林、河岸地帯および他のグリーンインフラ要素が、水質の改善と流出の促進やそのほかの環境目標の達成に果たすユニークな役割を考慮して分析するものである。GGAは、これらのグリーンインフラへの投資が、グレーインフラへの投資と比べてより費用対効果の高いアプローチ（または同等の費用対効果）であるかどうかを判断するために使用される。

グリーンインフラ評価ツールキット[71]

自然経済ノースウェスト・プログラム（英国）とパートナーは、グリーンインフラと環境改善への投資から、潜在的な経済的収益とより広範な収益を評価するために、この枠組みを開発した。

雨水管理ツール：グリーン値計算機

シカゴの近隣技術センター（The Center for Neighborhood Technology：CNT）は、いくつかの雨水管理ツールを開発した。グリーン計算機（National Green value Calculator）は、雨水管理のためのグリーンインフラや低影響開発的解決策の性能、コスト、利点を比較している。 また、これは、ユーザーが従来のインフラとグリーンインフラや低影響開発的解決策の機能のコスト、利益、性能などを地域間で比較するのに役立つもので、主に不浸透性の表面を減らし、雨水の集水と浸透を増加させる最良管理実践（BMP）を推奨する。

http://greenvalues.cnt.org/calculator/calculator.php

また、グリーン値雨水計算機（Green Values Stormwater Calculator）を使用すると、ユーザーはグリーンインフラ実践が敷地上でもつ水文学的成果と財政的な利益に関して、おおよその値を生成することができる。縦樋の分断や透水性舗装、グリーンルーフ、樹木のキャノピーによる覆い、生物湿地などの様々なグリーンインフラ実践をこのツールへ入力することができる。ユーザーは、敷地や屋根の大きさ、樹木の数、透水性舗装の面積、平均勾配率と土壌タイプなどの関連パラメータを入力するだけでよく、そうするとこのツールは、改良のない場合と比べて分譲地や敷地の改良によって得られる雨水貯留量、年間排出量、ピーク流量の減少量、地下水の再涵養量などを計算してくれる。その最終的な成果は、ライフサイクルコストの削減と金銭的利益の増加を示すものである。さらにグリーンストームウォーター条例コンプライアンス計算機は、ユーザーがシカゴの規制付の開発のために雨水のBMPを評価し、遵守するのに役立つ。

各論3．都市林

都市環境での樹木の植え付けと維持は、レジリエンス、気候適応性、さらには気候緩和などの複数の利益を備えた典型的なグリーンインフラ実践であると考えられている。都市林が持つ利益は、近隣の樹木一本一本が与えるものから、広く分布している都市林が与えるものまで様々である。先に述べたように樹木は洪水を防止し、水質を改善し、空気をきれいにするために汚染物質を吸収し、風の被害から建物を保護するための防風林を提供し、ヒートアイランドによる影響を緑陰や蒸散によって抑制する。と同時に、電力の冷房需要を減少させ、炭素を直接固定することによって激しい気候現象を緩和する。また野生生物の生息地や生態系サービスなども提供し、敷地の不動産価値を高めることが示されている。何世紀もの間、樹木は都市の生活の質の向上に貢献してきた。枯れた樹木もマルチング材料としてリサイクルすることができる。

都市林のプログラムは、公園、通り、路地などの地方自治体が管理する（公共建物の周辺や市有地、公有道路などの）公共の場所に、樹木を設置するものである。都市林は、水路を緩衝したり開発を規制したりする都市周辺のグリーンベルトにまで及び、さらには飲料水の供給とその質を護るために都市の流域を保全しようとして行う土地の取得と管理にまで及ぶ。そのため、地方自治体の条例はしばしば、私有財産や公共財産としての樹木に対する所有者の責任について指針を示している。

都市林はまた、雨水の範囲と都市のヒートアイランド効果に対して、利益をコミュニティに提供する。一般的な中程度の樹木は年間に換算して2,380ガロンの雨量を遮断することができる。[72] カリフォルニア州サクラメントでは夏の時期、葉の生い茂った常緑樹や針葉樹が、小雨程度ならばその降水の35％を遮断することが判明した。

木はゆっくりと雨水の流出を減らし、飲料水の品質を改善して保全する。[1]

・テキサス州ヒューストンでは樹木は13億ドルの雨水利益を提供する（貯留容量１立方フット当たり0.66ドルに基づいて換算）
・テキサス州オースティンでは、樹木は12億2000万ドルの雨水利益を提供する（全国平均で貯留容量１立方フィート当たり２ドルに基づいて換算）
・ジョージア州アトランタでは、樹木は８億3300万ドルの雨水利益を提供する（全国平均で貯留容量１立方フィート当たり２ドルに基づいて換算）

樹木は風雨からの流出と侵食を約７％削減し、侵食制御の必要性を減らす。[73] カリフォルニア州オークランドでは、森林のようにキャノピーが連続していると、年間１エーカー当たり４インチの雨つまり10万8000ガロンの水を遮断すると推定されている。[74] また樹木は、都市部での雨水の表面流出を最大で17％削減できるという。[75]

都市のヒートアイランドによる影響を緩和する観点から樹木の利益についていえば、樹木は通常、夏には日光の70～90％を冬には20～90％を吸収するが、毎年葉を失う落葉樹の場合には（常緑樹と比較して）この季節変動が最も大きくなる。ある研究は、木々が屋根や建物の壁面の最高温度を11～25度下げることができることを示した。また、家屋周辺に新しく植えられた緑陰樹による効果は、1本当たり年間1％の冷却エネルギー使用量の削減をもたらし、暖房エネルギー使用量では約2％の削減をもたらした。[76] また、樹木や植生の陰影による直接的なエネルギー使用量の削減は、米国各地の大都市圏における炭素排出量を、冷却エネルギーの使用を減少させることによって約1.5～5％削減する可能性を秘めている。[77]

イギリスのマンチェスターでの気候モデリング研究では、高密集地域に草や低木のような植物による被覆を10％追加すると、高いCO_2排出量条件下の場合を除き、地表面の温度が過去のベースラインレベル以下に保たれることが分かった。このモデルでは、グリーンルーフが高密集地域に追加された場合、高いCO_2排出シナリオの条件下でも同じように温度はベースラインレベルを下回っていた。逆に、植物で地表面を覆わなければ、地表面の温度は約3.3～3.8度上昇すると予想されている。[78]

樹木は、このような利益の他にも、粒子状物質（PM）、窒素酸化物（NO_x）、二酸化硫黄（SO_2）、一酸化炭素（CO）および地上オゾン（O_3）などに代表される、都市環境に存在する様々な汚染物質を吸収して減少させる効果をもつ。ある研究は、ニューヨーク市内のキャノピーを10％増やすと、地上のオゾンを約3％削減できると予測した。また別の研究では、1つの都市あたり100万本の樹木を追加すれば、1日当たりほぼ4分の1トンのNOxと1トン以上の粒子状物質の排出を削減する可能性があると推定されている。2006年の調査によると、米国の都市部の樹木は年間で汚染物質を78万4000トン、経済的価値にして38億ドル分を取り除くと推定されている。この研究では、PM、NO_2、SO_2およびCOを含む地上レベルのオゾンの堆積にのみ着目した。地域の大気質の推定される変化はわずかでたいていが1％未満であったが、この研究は、樹木や植生による都市の温度やエネルギーへの影響が含まれていれば、さらなる利益が得られると述べている。[79]

都市林あるいは街路樹は、都市部での一般的なグリーンインフラ実践である。これは、道路、歩道、駐車場からの流出水を保持するのに役立っている。この実践は、樹木の葉と根で雨を吸収することによって雨水流出を減らす。ニューヨーク市は、街路樹単独での雨水流出削減効果が推定3600万ドルの年間利益をもたらすと計算している。また街路樹は、より広い意味では都市林業の一環として機能するの

住宅街の都市林

で、都市の活性化にも役立っている。建物の隣や歩道に沿って植えたり、あるいは道路脇への植樹を慎重に設計したりする都市林イニシアチブは、著しい雨水流出の削減と大気の質の改善の両方を都市に与えてくれるものである。

建物の外壁に沿って植えられた街路樹や樹木は、日陰と蒸発散量を介して地表面と大気の温度を下げることができる。日陰になった地表面は、日なたよりも10～20度涼しくなり、夏の冷房に必要な電力を減少させる。さらに、冬には熱損失を減らし、風を減速させることもできる。例えばリスボンでは街路樹の存在によって、日陰や気候の影響によるエネルギー使用量の節約は25万4185ドル、年間１本あたりの樹木に換算すると6.16ドル/樹木となる。これらの木々は、樹木管理に１ドルの投資をするとエネルギー使用量の節約やきれいな大気、資産価値の上昇、雨水流出量の削減、CO_2の削減などによる複合利益4.48ドルを生みだした。アメリカの５都市での研究も、これと同様のパターンを明らかにした。例えば、カリフォルニア州バークレーでは、街路樹１本につき年間15ドルのエネルギーコストが節約されるが、ワイオミング州シャイアンでは樹木１本につき年間11ドルのエネルギー利益がもたらされる。ワシントンD.C.の都市林や公園、街路樹はその地区の28.6%を覆っているが、年間265万ドルもの建物のエネルギー消費料金を節約している。

このように、街路樹や近隣地区に植えられた樹木による直接のエネルギー利益に関してはかなりの研究がなされている。カリフォルニアにおける街路樹の影響の研究では、ローレンス・バークレー国立研究所（Lawrence Berkeley National Laboratory）およびサクラメント市立ユーティリティ地区によって、家の周囲に置かれた樹木が窓に影をかけると７～47％のエネルギー節約を生じさせることがわかった。他の研究では、適切に植えられた樹木は、５～10％のエネルギーの節約を示唆している。これらの範囲を考えると、エネルギー消費量の10％削減は、分析のための保守的な基礎を提供していると言える。国家レベルでは、きれいな水を得ることを目的として街路や近隣の樹木の数を増やすと、商工業におけるエネルギーの使用を約100億ドル節約することができる。温和な米国の気候の下でこれは、地域の個々の住宅や建物に対する50ドルから90ドルの年間節約へと変換される。全国のコミュニティで実証されたように、包括的なエネルギーの節約がもたらす利益は、流出削減実践としての街路樹の適切な設置を通じて現実的に達成可能である。多くの事例では、このようなグリーンインフラの実践によって受ける全体利益は、設計と設置の初期資本コストに対する優位性だけではなく、長年にわたり社会に価値を提供し続けていくことが示されている。

都市林にかかる経済的コストと利益

樹木や他の植物の植え付けと維持に必要なコストには、種まきや苗木の購入、播種、剪定、害虫と病気の防除、水遣りなどの日常的な維持コストが含まれる。その他に都市林でかかるコストに、プログラム管理、訴訟と責任関連、根の被害、樹木の切り株の除去などの費用がある。しかし一般的に言って、都市の樹木がもたらす利益はこのようなコストを上回る。樹木を根付かせるために必要なコストは、品種、場所、気候帯の違いによって異なるが、シカゴの場合、都市林では樹木１本当たり50ドルから500ドルのコストがかかると推定している。また、５つの都市の調査では、年間保守コストは１本当たり15～65ドルと推定されている。調査によると、都市の成熟した樹木がもたらす純経済利益は、１本につき年間30ドルから90ドルの範囲であり、この金額は上述したすべての利益を考慮して算出されている。つまり都市は、投資１ドルごとに約1.50ドル～3.00ドルの樹木１本当たりの収益率を生み出すことができる。[80]

多くの研究では、樹木やその他の植栽による美化によって不動産価値が高まることも示されている。研究によると、敷地に樹木や植生の存在があると居住用不動産価値の約３～10％の一般的な増加が見られたという。他にも、不動産価値が

街路樹による緑陰効果はヒートアイランド効果を抑制する。

２％から37％へ増加したことが示された調査もあった。[81]住宅販売価格の中央値が高い地域では、この種の不動産価値の上昇は、しばしば地域コミュニティにもたらされる利益としては最大規模のカテゴリに含まれる。[82]ポートランドの調査によると、樹木は居住用不動産の売却価格に8870ドルの上乗せをもたらし、さらに市場でその物件が販売される時間を1.2日短縮するという。[83]オレゴン州ポートランドの樹木は、不動産価値を高めることによって、不動産税の収入で年間約1300万ドルを生み出している。[84]

雨水を管理するグレーインフラへの投資の代わりとして都市林を使用し、都市林が提供する生態系サービスについて考慮することで、インフラにかかるコストの削減を達成している地域もある。ニューヨーク市は1997年に、建設に60億ドル年間３億ドルの運用コストがかかる新しい水ろ過プラントの建設反対を決定した。その代わりに市は、キャットスキル流域の森林保護を改善するために、プラント建設にかかるコストよりもはるかに少ない額、10年間で15億ドルを費やしている。森林は水源を確保することによって雨水を自然にろ過し、飲料水を大幅に削減されたこの投資で浄化する。[85]あるモデリングの研究では、ワシントンD.C.は、追加的な都市林実践を実施することによって、揚水コストと処理コストの削減を実現し、それにより年間140〜510万ドルの運用コストの節約を実現できる可能性を持っていると言う。[86]

表８　街路樹が生み出す年間経済効果（Washington, D.C.）

エネルギー	$1,308,778
CO_2（二酸化炭素）	$349,104
大気の質の向上	$185,547
雨水処理	$3,695,873
美的／その他	$5,138,396
合計：	$10,677,697

（出典：Casey Trees）

ワシントンD.C.の街路樹が１年間に生み出す利益は、多くの美的利益やその他の利益に起因して、敷地の不動産価値を上昇させる。

しかし樹木のメンテナンスは、民間の土地所有者にとって財政的負担となる可能性があるため、都市は、敷地所有者が都市林を維持するための税制上の優遇措置を実施することで、地域住民のこの作業への参加を促進すべきである。[87]カナダのオンタリオ州天然資源省は、管理対象の森林計画に従うことに同意した10エーカー以上の森林を所有する農村の地主に対して、税制上の優遇措置を提供している。これに参加している土地所有者は、居住用不動産の市税率のわずか25％を支払うだけで済む。都市の森林管理を目的としたこれと同様のインセンティブは、私有地の所有者をグリーンインフラ実践へ関与させることに対して非常に効果的な方法である可能性がある。[88]

樹木の経済的価値および気候的価値

・シカゴ - シカゴで都市林がもたらす利益の構造的価値は23億ドルであり、炭素隔離率は２万5200トン／年、炭素の推定市価に基づいて換算すると年間1480万ドルの価値となる。[89]

・サンフランシスコ - サンフランシスコ湾岸地域では、都市林がもたらす地域全体への年間利益総額は51億ドルと推定され、内訳はサンフランシスコ郡の１億3000万ドルからサンタクララ郡の15億ドルまで様々である。利益の内容は敷地物件の資産価値の向上が利益全体の91％を占め、続いてエネルギー（電力および天然ガス）から得られる利益が６％、雨水の表面流出から得られる利益が

サンフランシスコの新しい道路に設けられた街路樹（提供：WDWLive.com）

２％であった。この地域における樹木キャノピーの３％の増加は、４億7500万ドルすなわち一人当たり69ドルの利益をもたらすと予測された。(90)

都市林は炭素吸収源として機能し、冷却のための電力需要を低下させることによって気候緩和努力にコベネフィットをもたらしているが、これは大変に重要なことである。(91) 2005年の米国における都市の樹木の総炭素貯蔵量は約７億トンであり正味隔離量は年間約2400万トンと推定されている（8850万トンの CO_2 換算）。2006年の調査によると、サウスカロライナ州チャールストンにある約１万5000本の街路樹は、平均炭素クレジット価格に基づくと樹木１本あたり約1.50ドルの価値があり、年間にして1500トン以上の CO_2 の削減を担っており、１万5000本の合計で約2250ドルとなる。(92)

アトランタでは樹木は汚染除去の価値800万ドルを提供し、合計120万トンの炭素を貯蔵すると計算されている。(93) ワシントン D.C. では、街路樹は年間1000万ドル以上の炭素や大気質、雨水、エネルギー、不動産価値などの利益を提供する。市内の190万本の樹木は年間1万6000トンの炭素を隔離しており、炭素の市場価値の推定値に基づいて約30万ドルの価値がある。(94)

表９は、米国の都市で発生した汚染の削減と金銭的利益を示している。これは、温室効果ガス排出削減目標を念頭に置いた都市林プログラムを実施することによって達成された。

サンフランシスコの新しい道路に設けられた街路樹は、雨水流出管理にも生態系にも、また、ヒートアイランド効果の緩和にも役立っている。

各論４．生物湿地

都市計画の専門家は1960年代になると、地域のインフラや住宅の浸水を防止する際に湿地帯が有効な緩衝物となることを認識し始めた。最近ではそれに加えて、湿地は、雨水流出のピーク流量を減少させたり都市部で発生する洪水の強度を低下させたり、気候変動の条件下で予想されるより強くて頻繁な降雨事象を管理するのに効果的な手段であると見なされ始めている。1978年にアメリカ陸軍工兵隊は、マサチューセッツ州ボストン近郊のチャールズ川流域の湿地を保護するための土地を購入し、開発地役権を取得した。それにより、1983年までに流域内の湿地の75％、面積にして約8000エーカーが推定１億ドル（今日の価値では６億1800万ドルに当たる）の価値をもつ保護された状態になった。1990年までに現存するすべての湿地の40％が開発によって失われたと推定されている。しかし湿地はここ数十年の間、川下のコミュニティを何度も保護しており、毎年推定で4000万ドルの洪水被害を防いでいる。

これと対照的なのが、湿地帯システムを持たない近隣流域のコミュニティであ

表9　都市林による炭素および汚染物質の貯蔵量とその金額換算値[95]

	年	樹木	炭素貯蔵（MT）	グロス炭素固定量／年（MT）	使わずに済んだエネルギー量（mBTU）	使わずに済んだエネルギー量（MWH）	年間汚染除去量（T）	年間汚染除去量の価値
シカゴ	2007	3,585,203	649,336	22,1831	127,185	2,988	889	$6,398,200
ニューヨーク	1996	5,211,839	1,225,228	38,358	630,615	23,579	1,997	$10,594,900
フィラデルフィア	1996	2,112,619	481,034	14,619	144,695	10,943	727	$3,934,100
サンフランシスコ	2004	669,343	178,250	4,693	データなし	データなし	235	$1,280,000
ワシントンD.C.	2004	1,927,846	474,417	14,649	194,133	7,924	489	$2,524,200

る。この地域のコミュニティは引き続き洪水被害に苦しんでいる。2006年５月マサチューセッツ州ローレンスの地域では数日間にわたって8.7インチの雨が降り、これは、推定1900万ドルの洪水被害をもたらした。他方同じころ、ボストンとケンブリッジを含むチャールズ川沿いのコミュニティでは９インチの降雨があったが、ここでは洪水の被害はほとんどなかった。チャールズ川流域の保全された湿地は、他にも水質的な利益やレクリエーション的な利益、および経済的利益などの広範囲な利益を提供し、湿地への観光客は450万ドル以上をもたらし、現地経済に貢献している。そしてこの湿地に隣接する敷地の資産価値は上昇し、地域住民に直接的な利益をもたらした。

全体としてチャールズ川の湿地保護プロジェクトは、流域に大きな利益をもたらしたといえよう。

湿地システムは洪水に対してコミュニティをバッファリングし、従来の選択肢よりもコスト効率が良い。人工的に建設した湿地を使用して排水処理システムを構築するには、従来の高度処理施設の場合の排水処理が容量１ガロン当たり約10.00ドルかかるのと比較すると、人工湿地容量１ガロン当たり約5.00ドルですむが、このような処理システムは、限定的な廃水流を有する小規模な地域コミュニティに通常関連する限定された状況においてのみ、使用され得ることに留意すべきである。

湿地は米国全土で、総額にして232億ドルの雨水保全的なサービスを提供すると推定されている。(96) フロリダ州ペンサコーラ湾では、2001年から2003年にかけて、15エーカーほどの沿岸湿地帯がハリケーンと暴風雨による道路被害を回避したことで、130万ドルの累積的価値を生み出した。2008年には、別の場所の30エーカーの敷地内にある同じような湿地帯によって190万ドル相当の節約が達成された。(97) 先のチャールズ川の事例では、湿地の購入と地役権取得にかかったコストは1000万ドル未満であり、一方でその湿地は、毎年9500万ドルを超え

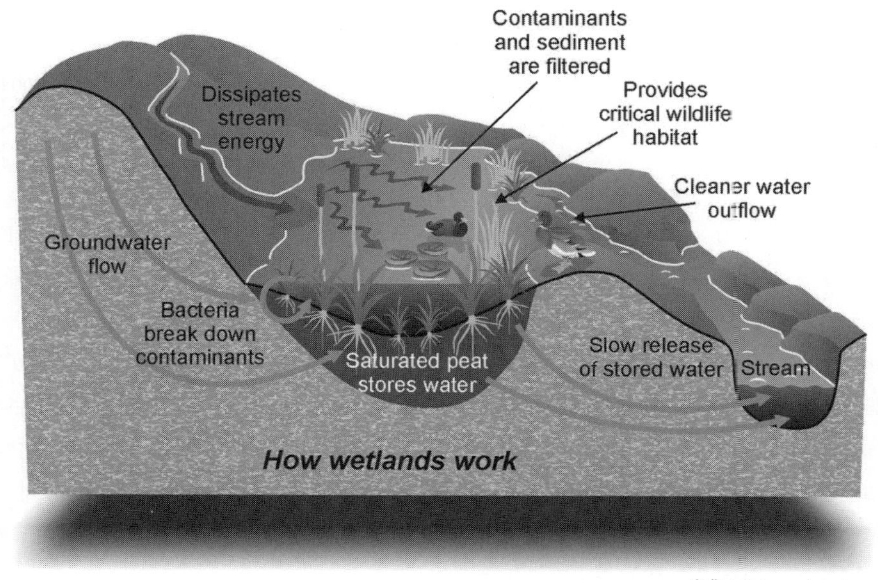

出典：Greener Loudon

図10　湿地は雨水を自然に貯留してゆっくりと河川に放出する

湿地は野生生物の生息地を提供し、適度な炭素吸収源としても機能することができる。

る規模で地域経済に貢献している。洪水管理堰の場合は、湿地と比べて建設コストが１億ドル以上になる上に、洪水防止以外の追加的利益はほとんどもたらさない。[98] 湿地システムの使用はまた、湿地が水を徐々に貯留して放出するため乾燥期間による影響を遅延させるので、コミュニティが干ばつに対処する手助けとなる。[99]

第4節　気候レジリエンスに対するグリーンインフラのアプローチ

グリーンインフラによる管理的、制度的、市場的アプローチ

地方自治体は、気候変動の影響や極限的な気候への対策としてのグリーンインフラを行うことができるが、それ以外にも、気候リスクを低下させるための管理的、制度的あるいは市場的なインセンティブを出して気候変動への適応行動を促進するか、少なくとも不適応を回避することができる。

都市によるこのような実践は、積極的な飴となるインセンティブか鞭となる制裁かのいずれかを提供し、住民や企業などの行動変化による適応への報酬、または適応の欠如への処罰を促すものである。例えばポートランドで実践されている縦樋の分断プログラムや、ワシントンD.C.が実践している敷地の浸透性を高めると雨水管理の手数料が免除される事例のように、自治体は敷地所有者の行動を変えることができる。そうすることでまた、保険料が低くなったり、グリーンインフラが生み出す高い不動産価値によって税収が増加したり、間接的な利益を得ることもできる。また、グリーンインフラを建設することによって生み出される適応サービスが、より大きな競争力という恩恵を享受することもある。一例を挙げると、都市がグリーンインフラによる対策を実施すると、公衆衛生の維持や災

気候変動において発達する雲（ManoaNow.org）

害被害を回避することで節約されたコスト、より信頼性の高い給水、災害後の経済回復の迅速化、省エネルギー、炭素貯蔵その他の利益を期待することができるのである。

管理的アプローチ

自治体によるグリーンな雨水管理実践とは、グリーンインフラを都市景観に組み込んだ計画立案・都市設計・スマートな成長アプローチなどの実践を言う。この例としては、緑空間を収容する高密度ハウジング、都市近辺の大規模な都市林保全・創出プロジェクト、都市周辺の緑地帯やハリケーンに起因する高潮や河川の氾濫に対処する沿岸部の湿地創出プロジェクトなどが挙げられる。気候の影響への対応策は、自治体が実施できる適応戦略であり、損害を最小限に抑えることを目的とした方法で地域を設計することによって、気候変動がもたらす影響を意図的に吸収するという目標を掲げている。[(100)] この例には、現在および将来的に予測される洪水のレベルより上に建物や橋梁を引き上げることを要求するか、または建物の一階を浸水可能な仕様にすることを要求する洪水の発生しやすい地域の建築基準などが含まれる。[(101)]

自治体の中には、洪水に対するレジリエンスを高めるために、水を市街地から遠ざけることのできる洪水運河として道路を意図的に設計したり、あるいは、地元の河川の水位が川岸を上回ってしまったときのための「緑の」洪水路として町の中心に公園やレクリエーション用の土地を建設したりしている自治体（例えばグランドフォーク、サウス・ダコタ）がある。オランダの場合は、洪水時になると浮遊する家屋を建て、ロッテルダムのダウンタウンの中を走る洪水運河を造るなど、将来の気候変動を予期して浸水可能な都市部と農村部の一部を指定し始めている。[(102)] また別の戦略として、海面上昇によって脅かされることの多い氾濫原や沿岸地域からの居住地の撤退という選択肢もある。

最後に、地方自治体がグリーンインフラその他の気候変動への適応行動の導入を決定することを支援するためには、温度変化や雨量の頻度と強度の変化、氾濫原の調整、海面上昇、嵐の急激な変化などの気候変動に関する情報自体がそもそも提供される必要があることを述べておく。

また、自治体にとって補助金などの支出のタイミングは、気候適応実践を必要に応じて行わせるための言わばもう一つの管理戦略である。例えば、堤防の建設やかさ上げは海面が実際に上昇するまでに行われるべきことであるが、自治体は建設の必要性に先立って、計画、準備、許可、土地取得、資金援助を行うはずである。この種の戦略の重要な点は現時点で計画して準備することで、それによって、ことが発生してから必要措置を講じる反動措置よりもより早くより低コストで措置を講じることができる。また自治体は、優れた気候適応実践を確実にするためならば、少々型破りな方法で資金を配分することもできる。一例をあげると、グリーンルーフによる水管理の利益を認識していたトロント市議会は、2009年にグリーンルーフの建設を奨励するためにトロントの水予算から20万ドルを配分した。補助金は、グリーンルーフの新規設置にも改修に支払われ、1平方メートル当たり10ドル、最高2万ドルまでの金額が敷地所有者に利用可能とされた。

事例　管理的な適応の主要な例：キング郡

ワシントン州キング郡の洪水管理区域は、気候変動による豪雨の増加を予期して複数の洪水管理区域を単一の郡の団体に統合し、プロジェクトやプログラムのための資金監視と監督を行うよう改訂された。

キング郡の洪水氾濫原は、1990年以来10回連邦の洪水災害地域として宣言されており、2006年の洪水では3300万ドルの損害を被った。再編の第一の目標は、堤防などの洪水保護インフラの保守、修理、および更新に3億8500万ドルの資金を確保することであった。区域の気候適応とグリーンインフラに関連する主要戦略と目的は次のとおりである。

・洪水、浸食、土砂崩れが起こりやすい住宅建物を永続的に取り除くことによってリスクを軽減する
・建物の床上げと洪水防止設備の強化によって浸水リスクを軽減する
・河川を氾濫原と再びつなげ洪水の輸送と浸透能力を改善する
・主要な輸送ルートを護り、家庭や企業に安全にアクセスできる道を確保する[(103)]

制度的アプローチ

保険、財政、法律、および規制は、気候変動への適応行動を促進するために使用できる制度的メカニズムである。有用な制度的メカニズムのいくつかは次のとおりである。

- 土地利用の地域的ゾーニング（スマートな成長のための密度要件や海面上昇に対応するためのローリングイーズメント※）、建築基準、グリーンインフラ設計基準
- 景観条例
- 連邦、州、および地方の環境法令

※ローリングイーズメントは、米国海洋大気庁（NOAA）の海洋資源管理局（OCRM）の報告書に記載されているツールの一つで、沿岸や湖畔の建築制限のある地域を公共利益を護るためにいかに活用すべきかその技術的入門書である。

たとえば、シカゴでは規制違反を利用して、開発者が敷地の設計にもっと多くの樹木を含めるよう促している。建築設計で樹木が取り除かれることが定められている場合、樹木は評価され、開発者には市に支払わなければならない1ドルの価値が割り当てられる。この措置によって、開発者は設計を見直して既存の樹木を保存することが奨励されている。

また、気候変動のもたらすリスクを回避するのに保険も役立つものである。例えば、連邦緊急事態管理局（FEMA）の国家洪水保険プログラムは、洪水保険の対象となる地域を定義するために、100年洪水頻度に1という洪水標高をマッピングしている。しかし、このプログラムは現在、洪水保険料の決定において、洪水の頻度と強度の増加に対する気候変動予測に対応したものではない。現在の地図作成プログラムは、時代遅れの地図を用いて、頻繁に浸水した場所でも反復請求を許容しているため、敷地所有者が、リスクのある地域に建設するためのインセンティブすら提供している可能性がある。[(104)] さらにFEMAは、災害の事前評価、計画、準備のために適格とする地域に災害軽減のための資金を提供しているが、気候変動は、この点ではまだ災害と見なされていないのでこの資金供与の対

象ではない。

また、保険プログラムがリスクをどのように評価するかにおいて、気候の影響をリスクに含めるために適切な変更を加えることは、今後の自治体の気候変動に対する適応行動自体に大きな影響を及ぼす可能性がある。2008年のカナダのサスカチュワンでの調査によると、気候変動の影響に対処するゾーニング・アプローチの使用は、従来のグレーインフラ手法よりもコスト効率が良いことが示された。この気候と経済モデリングの研究では、今後25年間の気候変動に起因する洪水によるコストへの影響を避けるために、ハードインフラの手法とゾーニング手法を比較した。前者は、より多くの洪水基盤を建設することによって洪水被害を回避できるようになり、推定で1000万ドルを節約できることがわかったが、一方で後者は、ゾーニングし直すだけでその15倍の１億5500万ドル節約できることもわかった。(105) この項でもう一つ強調していることは、地方での行動に対する連邦政府による資金援助は、気候変動リスクを考慮した政策や措置と結びつける必要があり、連邦政府も気候変動で生じるリスクを考慮して州や市などの地方政府と連携して動くべきであるということである。

市場メカニズム

市場メカニズムは、グリーンインフラの導入コストを積極的な方向でプラスにシフトさせるもので、グリーンインフラの実現可能性を高めている。本書全体で議論されているように、地方自治体は、従来のインフラよりも安価なグリーンインフラを使用したり、将来の気候の被害を避けることによって、グリーンインフラから財政利益を得ることができる。また、敷地でのグリーンインフラ実施のために、敷地所有者へ直接資金を提供することもできる。例えばカリフォルニア州は、クール・セービング・プログラムを開始したが、このプログラムは、高い太陽光反射率と低い熱吸収率を持つ屋根材を設置する建物所有者にリベートを提供した。

カリフォルニア州エネルギー委員会は、適格の屋根面積の１平方フィート当たり15～25セントのインセンティブを支払った。このプログラムはとても成功し、カリフォルニアは、そのプログラムタイトルを24回ほど改訂し、2005年からの特定の新築または改装された建物にはクールルーフを作ることが義務づけられた。

将来、PACEローンを模倣する新しいモーゲージ・プロダクトは、私有地取引へ気候適応のコストを組み込んでいる可能性がある。[106] 上述したように、グリーンインフラ実施のための税額控除や、透水性をより高めた敷地に対する雨水手数料の減額、または縦樋分断に対する報奨金などは、ある種の行動をより安価または高価にすることによって、グリーンインフラの広い普及のために価格インセンティブを変える方法の二、三の例に過ぎない。例えば、ニューヨーク市は、2007年からグリーンルーフの設置コストの35%を相殺する固定資産税の減税を実施することで、拡張的グリーンルーフの設置を支援することを目指した。割引を長く保つことは、長期的な利益がより価値を持つグリーンインフラへの投資にもつながる。さらに、グリーンインフラによる所有地の資産価値の上昇が税収を増加させるか、または敷地のレジリエンス向上による損害保険料の引き下げによっても、市場インセンティブが生まれる。

第5節　グリーンインフラ政策への示唆、研究と技術支援

レジリエンスの問題

グリーンインフラは、環境に優しい持続可能性、スマートな成長、そして現在の都市環境における気候適応の目標を同時に強化し、よりレジリエンスのある大都市社会を創造することを目標としている。持続可能性、スマートな成長、気候適応といった概念の定義は時に漠然としており、またそれぞれは完全に相補的なものではないが、それでもかなり重複している。(107) 持続可能な発展とは、環境保護、経済的実行可能性、特に脆弱な集団のための資本と社会正義を有した長期的な資源の継続性など複数の目標を求めるものである。スマートな成長とは、資源効率、建物密度、複合土地利用、オープンスペース、公共交通機関の開発、および生活の質の向上を達成するために、計画と都市設計のツールを使用するものである。

最近では、気候適応政策とその実践が、地域コミュニティと自治体が不可逆的な気候変動や極端な激しい天候（洪水、干ばつ、暴動、海面上昇、洪水、洪水、洪水、公衆衛生上の脅威など）から受けるリスクや影響、課題などをより正確に

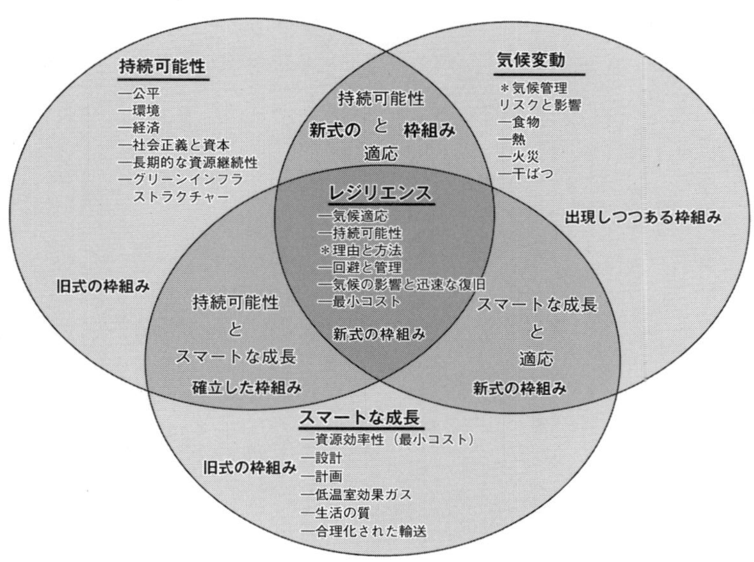

図11　持続可能性、スマートな成長、適応の交わるところ

評価して管理する能力を築くことを模索させている。気候変動への適応はまた、生態学的、経済的、社会的次元を有すると考えられている。[108]

持続可能性、スマートな成長、気候変動への適応という3つのコンセプトが交わるところでは、自然や人に誘発される危険や災害の影響を受けにくい、レジリエンス（回復力）の高い地域コミュニティへの要望がある（図11参照）。一般的にレジリエンスとは、様々な危機によりよく耐えられ、対処することができ、管理することができ、そして危機の後には迅速に安定性を回復できることである。しかし実際には、レジリエンスのある地域コミュニティの実現が意味することについては、運用に際し相当な議論がある。例えば、頻繁に浸水する氾濫原における洪水後の災害復興のように、元の状態に安定的に復帰しても脆弱性が永続するのならば、安定性というのは本当のところはレジリエンスが高い特性ではないかもしれない、などである。

多様性、柔軟性、持続可能性、順応性、自己組織化、進化と学習の能力は、そのプロセスで誤適応を招かない限り、地域コミュニティのレジリエンスの主要なシステム属性（KSA）※とみなされる。[109] しかしながら、レジリエンスは一般に、条件の変化に応じて反応する「自律的適応」と同様、より反応性の高い言葉と考えられている。適応能力は、気候変動に直面して、様々な技術的、管理的、制度的および市場的適応型解決策の計画・準備・実装に対してより包括的な重点を置くので、レジリエンスを包含すると見なされる。[110]

※キーシステム属性（KSA）は、主要性能指標（KPP）またはスポンサーが必要と考える他の重要な性能属性に対するバランスのとれた解決策/アプローチを達成するために重要と考えられるシステム機能のことである。

自治体の管理者は、外部の専門家が公務員や市議を支援するよう要請できる。ケーシー・ツリー、流域保護センター、近隣技術センター、アメリカン・リバーズ、持続可能な発展のためのICLEI地方政府などの諸機関は、外部の専門家として気候拡張に対する役割を果たし始めている。アリゾナ州やフロリダ州、マサチューセッツ州、オレゴン州の大学は、農民、土地と資源管理者、都市の意思決定者らと協力して仕事をするために気候変動の専門家を雇った。NOAAの国家海洋交付プログラムは、沿岸地域の気候変動を試験するために各州と協力している。[111]

第6節　総論：グリーンインフラとレジリエンスの思考

本書は、顕著な正味利益と成功した地方の行動に基づいて、地域の気候に適応するに際してグリーンインフラには価値があるという証拠を提供するものである。選択したグリーンインフラの実践と同等のコスト、性能、および利益をもった別のデータを提供することで、各実践を気候に関連する問題の単一の解決策と見なすことは避け、むしろ複数のアプローチの組み合わせが最良であることを示すものである。例えば、ホワイトルーフは、都市のヒートアイランドの影響を減らすための万能薬としてしばしば促進されるが、一方で、ホワイトルーフと同等の純利益を持ちさらには温度の低下や暴風雨の流出も管理するグリーンルーフの価値は、初期投資がより高い場合でさえ無視されたままのことがある。

本書はどれか一つの実践が万能薬とは主唱せずに、単一のグリーンインフラ解決策が持つ複数の利益を達成するための各解決策間のトレードオフ、およびどのような解決策の組み合わせが現地の需要、能力、リソースに応じて最も高く純粋な気候適応の利益をもたらすのかを、読者が検討するよう奨励する。例えば、グリーンルーフとホワイトルーフとブルールーフを組み合わせた建物が、縦樋分断プログラムの下でインセンティブ化されたグリーンアレーに囲まれ、透水性舗装を関連条例によって奨励され、街路樹の緑陰が落ちて都市のヒートアイランド効果を緩和し、周辺の湿地によって洪水から緩衝される……。こうして建物はグリーンインフラから得られる複数の正味利益を受けるだけでなく、事実上、気候変動に適応し、気候変動を緩和している。近隣、都市、郡、そして全米のすべての公有および私有の不動産所有者がグリーンインフラ実践を同時に実施すれば、その結果、地域全体の気候レジリエンスはより大きくなる。

連邦政府や州政府、あるいは地方自治体からの認知を受けて、グリーンインフラへの関心はますます高まっている。いくつかの事例では、気候に適応するグリーンインフラの効用が明白に現れている。それは、従来のインフラによる解決策を補完して複数の環境問題を解決する。アメリカン・リバーズとニューヨーク市は、地方の都市計画における雨水、河川流域管理、気候適応、地域社会のレジリエンスの間には明確な関連性があることを示した。連邦レベルでは、スティーブン・チューエネルギー長官が、気候変動に関する枠組みの枠組みではなくても、地球温暖化や都市のヒートアイランドの影響を軽減して気温を低下させ、冷却に使用されるエネルギーの削減手段としてホワイトルーフを推進している。

グリーンインフラと気候適応に関する国の政策が浮上し始めている。2009年7月、トム・ユードールとシェルドン・ホワイトハウス上院議員は、グリーンインフラが水資源への気候変動の影響を改善することができることを発見し、S3561「2010年クリーンウォーター法のためのグリーンインフラ」を発表した。2010年10月、ホワイトハウスの気候変動適応タスクフォースは、連邦庁の政策とプログラムが気候変動の影響に対応する米国の準備をより良くできる方法について、オバマ大統領に勧告を行った。[112] ここにジョイス・コーヒー、シカゴのアーバンリーダパートナーが、「連邦政府は、計画されたプロジェクトがどのように気候変動に適応するかを回答者に尋ねることにより、グリーンとグレーのインフラを構築する際に、都市がより大きな不確実性と変動性を計画するよう予防的原則を使用すべきである」と述べた言葉を引用する。また、ネイチャー・コンサーバンシー（Nature Conservancy）も次のように述べている

「気候変動に対してある種のハードなインフラの対応が必要になる一方で、気候変動への効果的な長期的な適応は、脆弱性の低減と生態系と生態系の不可欠なサービスのレジリエンスの向上にかかっている」

地域のレジリエンスを支える国の政策において、環境インフラと気候適応を結びつけることは、米国において今後も継続的な政策課題になるであろう。

レジリエンスに関する問題の提起は、首長や地域の管理者、企業、市民の決定にレジリエンスを主流化することの重要性を強調するまた別の方法である。本書は、持続可能性とスマートな成長、気候適応の３つのコンセプトが交わる領域で、複数のグリーンインフラの実践を組み合わせて行うことが、個人にも社会全体にも最高の純利益をもたらす戦略を生むと述べるにとどめる。これは最終的に、グリーンインフラによって、社会的レジリエンス、環境的レジリエンス、経済的レジリエンスのそれぞれが向上し、気候が変動した未来においてレジリエンスのあるコミュニティの中核をグリーンインフラが担うことになっているのを予測するものである。

参考文献

(1) Brad Allenby and Jonathan Fink, "Toward Inherently Secure and Resilient Societies" August 2005) Vol. 309 SCIENCE MAGAZINE, pages 1034-36 (American Academy for the Advancement of Science)」

(2) EPA ducing Urban Heat Islands: Compendium of Strategies (October 2008): Urban Heat Island Basics

(3) Chicago Climate Change Action Plan-Climate Change and Chicago: Projections and Potential Impacts, Executive Summary (May 18, 2008). Convening Lead Authors: Katharine Hayhoe,Texas Tech University; Donald Wuebbles, University of Illinois at Urbana-Champaign:http://www.chicagoclimateaction.org/pages/research___reports/8.php

(4) Ahead of the Storm: Preparing Toronto for Climate Change, Development of a Climate Change Adaptation Strategy, REPORT, April 18, 2008: http://www.toronto.ca/teo/adaptation.htm

(5) Climate Change Advisory Task Force (CCATF) Initial Recommendations (April 2008) http://www.miamidade.gov/derm/climatechange/taskforce.asp

(6) Richard Klein, Robert Nichols, Frank Thomalla, "Resilience to natural hazards: How useful is this concept?" Environmental Hazards 5 (2003) 35-45

(7) For purposes of this report: "grey" infrastructure are conventional storage structures (reservoirs, detention ponds) and conveyances (pipes, canals) used to manage drinking, sewer, or storm water usually constructed of concrete or metal; also including streets, roads, bridges, and buildings that do no incorporate technologies intended to achieve environmental goals. "Green Infrastructure" are technologies implemented to achieve specific environmental goals typically using natural vegetated materials but also innovative "grey" materials (e.g. permeable pavement, white roofs)

(8) Green Infrastructure (GI) practices, particularly for storm-water management, are considered synonymous with Low Impact Development (LID), Sustainable Urban Drainage Systems (SUDS), Stormwater Source Controls (SSCs), and Best Management Practices (BMPs). This report will collectively refer to these practices as "green infrastructure." ("NYC Green Infrastructure Plan: A Sustainable Strategy for Clean Waterways")Department of Environmental Protection (September2010))

www.nyc.gov/html/dep/pdf/green_infrastructure/NYCGreenInfrastructurePlan_ExecutiveSummary.pdf) (PlaNYC, Sustainable Stormwater Management Plan 2008 (October 2008) City of New York) http://www.nyc.gov/html/planyc2030/html/stormwater/stormwater.shtml)

(9) (PlaNYC Stormwater (2008));(Natural Security, American Rivers (2009)));("Your Home in a Change Climate: Retrofitting Existing Homes for Climate Change Impacts," London Climate Change Partnership (February 2008) < www.london.gov.uk/trccg/docs/pub1.pdf>);(EPA Managing Wet Weather with Green Infrastructure, Action Strategy 2008, www.epa.gov/npdes/pubs/gi_action_strategy.pdf)

(10) Edward McMahon, "Looking Around: Green Infrastructure", Planning Commission Journal (Winter 2000) Burlington, Vermont, No. 37

(11) This report will collectively refer to these practices as "green infrastructure."

(12) PlaNYC Stormwater (2008)。

(13) EPA Wet Weather (2008)。

(14) S. Wise et al, Integrating Valuation Methods to Recognize Green Infrastructure's Multiple Benefits, Center for Neighborhood Technology (CNT), Chicago, April 2010 (http://www.cnt.org/repository/CNT-LID-paper.pdf)

(15) (EPA "Reducing Stormwater Costs through Low Impact Development (LID) Strategies and Practices, December 2007);(Natural Security, American Rivers (2009))

(16) EPA Reducing Urban Heat Islands: Compendium of Strategies (October 2008): Green Roofs < http://www.epa.gov/heatisld/resources/compendium.htm>

(17) A typical flat black roof costs $2.50-3.50 per square foot. The 4 Kinds of Flat Roofs (This Old House Website). http://www.thisoldhouse.com/toh/article/0,,1110914,00.html

(18) PlaNYC Stormwater (2008)

(19) National Institute of Building Sciences website, Extensive Green Roof ? Definition

(20) Green Roof: Final Presentation, Gateway Team, Columbia University Green Roof Project Submission Date (July 26, 2007)

(21) RETENTION temporarily holds or slows stormwater releases from a site—primarily to delay peak flows. DETENTION holds storm-water on-site until it can be released or reused on-site

(22) PlaNYC Stormwater (2008)

(23) PlaNYC, Water Quality Initiatives website

(24) CNT Multiple Benefits (April 2010)

(25) EPA Heat Islands Compendium (October 2008): Green Roofs

(26) Time to Tackle Toronto's Warming Climate change adaptation options to deal with heat in Toronto, Eva Ligeti, Clean Air Partnership (2007)

(27) CNT Multiple Benefits (April 2010)

(31) EPA Heat Islands Compendium (October 2008): Green Roofs

(32) Cost Benefit Evaluation of Eco-roofs, City of Portland, Oregon (2008) <http://www.portlandonline.com/BES/index.cfm?a=261053&c=50818>. The net-benefits for the public building do not include energy cost savings which explains the lower overall figure.

(34) A Heat Islands Compendium (October 2008: Cool Roofs) 34Wikipedia website: Cool Roofs

(35) EPA Heat Islands Compendium (October 2008): Cool Roofs

(36) EPA Heat Islands Compendium (October 2008): Cool Roofs

(37) Global Model Confirms: Cool Roofs Can Offset Carbon Dioxide Emissions and Mitigate Global Warming, Press Release (July 19, 2010), Lawrence Berkeley National Laboratory

(38) "Drinking Water Infrastructure Needs Survey and Assessment: Third Report to Congress." USEPA Office of Water, 2005. "Clean Watersheds Needs Survey 2004: Report to Congress." USEPA (January 2008)(from David Behar SFPUC)

(39) CNT Multiple Benefits (April 2010); EPA Clean Watersheds Needs Survey (2008)

(40) (Natural Security, American Rivers, 2009);(Sustainable Water Systems: Step One - Redefining the Nation's Infrastructure Challenge. Report of the Aspen Institute's Dialogue on Sustainable Water Infrastructure in the US. The Aspen Institute, Energy and Environment Program (May 2009). http://www.aspeninstitute.org/publications/sustainablewater-systems-step-one-redefining-nations-infrastructure-challenge)

(41) LEED: Leadership in Energy and Environmental Design

(42) EcoStructure website, "Blue is the New Green" Blog (February 2010) http://www.eco-structure.com/waterconservation/blue-is-the-new-green.aspx.

(43) CNT Multiple Benefits (April 2010)

(44) CNT Multiple Benefits (April 2010)

(45) Low Impact Design Toolkit, What Will You Do with San Francisco's Stormwater. San Francisco Public Utility (SFPUC). Urban Stormwater Planning Charette (September 2007)

(46) EPA Wet Weather (2008)

(47) Gaffin, S. R., Rosenzweig, C., Eichenbaum-Pikser, J., Khanbilvardi, R. and Susca, T. (2010). "A Temperature and Seasonal Energy Analysis of Green, White, and Black Roofs" (Con Edison Facility) Columbia University, Center for Climate Systems Research. New York, NY) http://ccsr.columbia.edu/cig/greenroofs

(49) Chicago Green Alley Handbook

(50) National Ready Mixed Concrete Association (NRMCA) website, Using Pervious Concrete to Achieve LEED Points

(51) (Norbert Delatte, "Sustainability Benefits of Pervious Concrete Pavement" (2010)(Cleveland State University) and Stuart Schwartz (University of Maryland-Baltimore Campus)));(Chicago Green Alley Handbook).

(52) "Greening Gets Down and Dirty," Timothy B. Wheeler, Baltimore Sun (August 20, 2010) <http://articles.baltimoresun.com/2010-08-20/features/bs-gr-subsoiling-20100820_1_polluted -runoff-storm-drainsstorm-water-pollution>

(53) Rooftops to Rivers (2006) NRDC

(54) CNT Multiple Benefits (April 2010)

(55) Effective Curve Number and Hydrologic Design of Pervious Concrete-Water Systems; Stuart Schwartz(University of Maryland-Baltimore Campus), Journal of Hydrologic Engineering, ASCE (June 2010)<http://cedb.asce.org/cgi/WWWdisplay.cgi?264283>

(56) MacMullan, Presentation: "Assessing Low Impact Developments Using a Benefit-Cost Approach," ECONorthwest, 2nd Annual Low Impact Development Conference (March 12-14, 2007)

(57) EPA Heat Islands Compendium (October 2008): Cool Pavements

(58) Low Impact Design Toolkit (2007) SFPUC

(59) Rooftops to Rivers (2006) NRDC

(60) Soil bio-retention indicates water passed through soil, organic matter, and plant roots where it is absorbed, held, or filtered.

(61) Chicago Green Alley Handbook; Chicago's Sustainable Streets Pilot Project (PPT) http://www.epa.gov/heatisld/resources/pdf/5-Chicago-SustainableStreetsPilotProject-Attarian-Chicago.pdf Chicago's Sustainable Streets Pilot Project (TEXT) Projecthttp://www.epa.gov/heatisld/resources/transcripts/28Jan2010-Attarian.pdf

(62) House Committee on Transportation and Infrastructure, Hearing, Sustainable Wastewater Management (February 4, 2009)< http://transportation.house.gov/hearings/hearingDetail.aspx?NewsID=805>

(63) Illinois Environmental Protection Agency recommendations as required by Public Act 96-26, The Illinois Green Infrastructure for Clean Water Act of 2009 (June 30, 2010) <http://www.epa.state.il.us/greeninfrastructure/docs/public-act-recommendations.pdf>

(64) A $5000 cost for a rain-barrel accounts for a detention system across an entire property (e.g. installation of new gutter systems, rain-gardens, sewer connections, and potentially roof and subsurface cisterns)

(65) Rooftops to Rivers (2006) NRDC

(66) Avoiding Basement Flooding, Canadian Housing and Mortgage Corporation (2010)

(67) It was noted earlier that LID and GI are synonymous for purposes of this paper. In this section, LID shows an integrated way to implement and value GI

(68) EPA Managing Wet Weather with Green Infrastructure website: Philadelphia Case <http://www.epa.gov/owow/nps/lid/costs07/factsheet.html><http://cfpub.epa.gov/npdes/greeninfrastructure/gicasestudies_specific.cfm?case_id=62>

(69) Ed MacMullan, Presentation: Low Impact Development (2007)

(70) Low Impact Design Toolkit (2007) SFPUC

(71) Green Values? Stormwater Toolbox website & calculator <greenvalues.cnt.org>

(72) Fact Sheet #4 website: Control Stormwater Runoff with Trees, Watershed Forestry Resource Guide, A Partnership of the Center For Watershed Protection and US Forest Service - Northeastern

Area State & Private Forestry http://www.forestsforwatersheds.org/reduce-stormwater/

(73) EPA Heat Islands Compendium (October 2008): Trees and Vegetation

(74) Fact Sheet #4 Website

(75) "Benefits of Trees" Factsheet (website), Houston Area Urban Forestry Council <http://www.hgac.com/community/livable/forestry/documents/benefits_of_trees.pdf

(76) EPA Heat Islands Compendium (October 2008): Trees and Vegetation

(77) EPA Heat Islands Compendium (October 2008): Trees and Vegetation

(78) Adapting Cities For Climate Change: The Role Of The Green Infrastructure S.E. GILL, J.F. HANDLEY, A.R.ENNOS And S. PAULEIT, Built Environment Vol. 33, No. 1 (2007)

<http://www.fs.fed.us/ccrc/topics/urbanforests/docs/Gill_Adapting_Cities.pdf>

(79) EPA Heat Islands Compendium (October 2008): Trees and Vegetation

(80) EPA Heat Islands Compendium (October 2008): Trees and Vegetation

(81) City Trees and Property Values, Kathleen Wolf (2007) University of Washington, Seattle <http://www.cfr.washington.edu/research.envmind/Policy/Hedonics_Citations.pdf>

(82) EPA Heat Islands Compendium (October 2008): Trees and Vegetation

(83) CNT Multiple Benefits (April 2010)

(84) Haan Fawn Chau, Green Infrastructure for Los Angeles: Addressing Urban Runoff and Water Supply Through Low Impact Development, City of Los Angeles (April 17, 2009)

(85) Sandra L. Postel and Barton H. Thompson, Jr., "Watershed protection: Capturing the benefits of nature's water supply services" Natural Resources Forum 29 (2005) 98?108< http://www.consrv.ca.gov/dlrp/watershedportal/Documents/Watershed%20ProtectnNat%20Res%20Forum05.pdf>

(86) "The Green Build-out Model: Quantifying the Stormwater Management Benefits of Trees and Green Roofs in Washington, DC." Casey Trees and LimnoTech. Under EPA Cooperative Agreement CP-83282101-0 (May 15, 2007)< http://www.caseytrees.org/planning/greener-development/gbo/index.php>

(87) a Ligeti, "Climate Change Adaptation Options for Toronto's Urban Forest"(2007) Clean Air Partnership < http://www.cleanairpartnership.org/pdf/climate_change_adaptation.pdf>

(88) Ligeti, Toronto's Forests (2006) CAP

(89) Ligeti, Toronto's Forests (2006) CAP

(90) James R. Simpson and E. Gregory McPherson, San Francisco Bay Area State of the Urban Forest: Final Report; Center for Urban Forest Research, USDA Forest Service, Pacific Southwest Research Station (December 2007)< http://www.fs.fed.us/psw/programs/cufr/products/2/psw_cufr719_SFBay.pdf>

(91) For purposes of this paper: "co-benefits" are specifically those that achieve both mitigation and adaptation goals simultaneously—while other benefits are considered "multiple".

(92) EPA Heat Islands Compendium (October 2008): Trees and Vegetation

(93) Amy Morsch, "A Climate Change Vulnerability and Risk Assessment for the City of Atlanta, Georgia," Thesis, Duke University (2009)< http://dukespace.lib.duke.edu/dspace/handle/10161/2157>

(94) Quantified Benefits of using iTree, (iTree Streets (STRATUM) and iTree Eco (UFORE)) website, Casey Trees, Washington, DC (2010)

(95) Urban Forest Data website ? City Lists, Northern Research Station, US Forest Service (2010)

(96) Robert Costanza et al, "The Value of Coastal Wetlands for Hurricane Protection," Ambio, Vol. 37, No. 4 (June 2008)
<http://www.uvm.edu/giee/publications/Costanza%20et%20al.%20Ambio%20hurricane%202008.pdf>

(97) Amy Baldwin, Submerged Resources in the Face of a Changing Climate: Living Shorelines as an Adaptation Strategy, Submerged Lands Seminar Series, Florida DEP (September 23, 2010)< http://www.submergedlandsconference.com/sessions.php>

(98) Natural Security website: Charles River, Massachusetts Wetlands as Flood Protection, American Rivers (2009)

(99) Natural Security website: Clayton County, Georgia, Withstanding Drought with Wetlands and Water Reuse, American Rivers (2009)

(100) Accommodation strategies—in comparison to retreating from a floodplain, or building a flood-barrier to prevent any damages

(101) Successful adaptation to climate change across scales W. Neil Adger, Nigel W. Arnella, Emma L. Tompkins, Global Environmental Change 15 (2005) 77?86< http://research.fit.edu/sealevelriselibrary/documents/doc_mgr/422/UK_Successful_Adaptation_to_CC_- _Adger_et_al_2005.pdf>

(102) (Adger et al (2005));(also: "Floating houses built to survive Netherlands floods: Anticipating more climate change, architects see another way to go" (November 09, 2005) By Peter Edidin, New York Times <shttp://articles.sfgate.com/2005-11-09/home-and-garden/17399121_1_f ood-zones-dutch-floating>)

(103) King County Flood Control District- FAQ (November 2008)< http://www.kingcountyfloodcontrol.org/pdfs/kcflood_faqs.pdf>; King County Flood Control District Annual Report 2008<http://your.kingcounty.gov/dnrp/library/water-and-land/flooding/kcfzcd/crs-recertification/flood-control-district-2008-annual-report.pdf; King County Flood Control District, Hazard Mitigation Plan (March 2010)<http://your.kingcounty.gov/dnrp/library/water-and-land/flooding/local-hazard-mitigation-planupdate/KCFCD_HazardPlan_Mar2010.pdf>

(104) Legally, the program defines flood zones using historic climate data applied to current conditions

(105) Christensen, Paul N., Gordon A. Sparks, and Harvey Hill (2008) "Adapting to Climate Extreme Events Risks across Canada's Agricultural Economic Landscape: An Integrated Pilot Study of Watershed Infrastructure System Adaptation." Climate Change Impact and Adaptation Program. Natural Resources Canada Project No. A1473. Prepared for Natural Resources Canada by Department of Civil and Geological Engineering, University of Saskatchewan, Saskatoon, SK; Prairie Farm Rehabilitation Administration; Agriculture and Agri-Food Canada < http://www.policyresearch.gc.ca/page.asp?pagenm=2010-0041_09>

(104) Legally, the program defines flood zones using historic climate data applied to current conditions

(106) PACE: Property Assessed Clean Energy allows a local government to provide loans to homeowners for renewable energy and efficiency retrofits paying back via tax bills. However PACE currently has been defined by the Federal government as an illegal lien on houses so the future of this mechanism is in question.

(104) Legally, the program defines flood zones using historic climate data applied to current conditions

(107) Intergovernmental Panel on Climate Change (IPCC), 4th Assessment Report (2007): WG II Adaptation

(104) Legally, the program defines flood zones using historic climate data applied to current conditions

(108) IPCC, AR4 (2007)

(109) lein, Resilience (2003)

(110) Klein, Resilience (2003)

(111) NOAA Sea Grant Initiates $1.2 Million Community Climate Change Adaptation Initiative: http://www.noaanews.noaa.gov/stories2010/20100909_seagrant.html

(112) White House Climate Change Adaptation Task Force www.whitehouse.gov/administration/eop/ceq/initiatives/adaptation; Final Report: www.whitehouse.gov/sites/default/files/microsites/ceq/Interagency-Climate-Change-Adaptation-Progress-Report.pdf

第5章
グリーンインフラの包括的な事例研究

米国の先駆的な地域社会は、気候変動が及ぼす影響に備える手段として、あるいは、環境の持続可能性への道筋として、グリーンインフラとその技術の適用を受け入れ始めている。グリーンインフラのアプローチは多くの場合、他の伝統的な「ハード」なインフラ（例えば、雨水下水道の修正・拡張・再設計や雨水貯水用水路の建設など）の改修と組み合わされて使われており、都市は、グリーンインフラ・プロジェクトを次のような方法で促進している。

1）公共および民間のプロジェクトの代替案と比較して、前払い的コストの節約やライフサイクルコストの削減の証拠を示す。
2）グリーンインフラを設置する敷地の所有者に対し、直接の財政的インセンティブを提供する。
3）私有地にグリーンインフラの実施を必須とするような法律、規則、地方条例を制定する。
4）公共プロジェクトにグリーンインフラを組みこむことを義務づける（例えば、街路樹、道路のグリーンインフラ的改造、公共建物のグリーンルーフなど）。

州によって変わる考慮事項と制限事項

すべての地域プロジェクトは評価されるべき固有の変数や一部の不確実性を持っている。特に具体的なグリーンインフラプログラムのより厳密な利益分析を行う際には、次のことを考慮するように留意する。

完全なライフサイクル分析

完全なライフサイクル分析は、意思決定プロセスを形作る重要な一つのピースであるが、利益のみに注目しており、本編では対象外である。この種の評価分析を行なう時には、反事実との比較考慮が必要である。言いかえれば、何が比較されているのかを明確に定義することが重要なのである。例えば、従来のグレーインフラの代わりにグリーンインフラを利用するべきかどうかを比較しているか。それとも比較は、グリーンインフラ計画の実施と非実施とになるのか。行為の全コストと利益を評価する際にこの反する事実の把握は重要であり、ライフサイクル分析比較を経て機能する前に明確に定義されなければならない。

地域性能と達成された利益基準

グリーンインフラの性能に影響を与える地域や局所固有の変数の詳細な考慮はケース・バイ・ケースの原則で、ここまでのページで大部分が述べられている。しかし、プロジェクトや計画を評価するための枠組みを通じて作用する場合、地域データの必要性が決定的に重要なのは変わらない。

その他の制限事項

気候のような局所的あるいは地域的な変数も、大きな役割を果たしている。全く同じ仕様を持つ２つのグリーンインフラがそれぞれ違う場所に設置された時、それらが生み出す利益は徹底的に異なるレベルに終わる。例えば気候は、樹木に起因するエネルギー使用の削減を大部分で決定する要因である。暖かい地域で風速が低減されてもほとんど影響がない一方で、涼しい地域では建物に影を落とすことは、実際にエネルギー需要の大幅な削減を引き起こす可能性があった。

事例研究は、包括的なグリーンインフラ・プログラムを築くための成功談を含むが、成功事例だけではなく、コミュニティが雨水流出管理システムを作ろうとして経験した障壁と失敗に対する洞察も提供している。

最初に、実施に対して最も一般的で最も影響力のあるグリーンインフラの政策について述べる。それぞれのグリーンインフラ・アプローチがいかに機能するかを理解できるように簡潔な背景、実施の結果、実施に際し障壁となったもの、実施のプロセス等々について、関連する事例研究から具体例を提供する。多くの政策が連携して機能し、他のいくつかのグリーンインフラ政策とプログラムのコンテクストに適応する。雨水管理において(素晴らしいという意味での)最もグリーンな都市はすべて、グリーンインフラの実施を後押しする広範囲な政策と、公有地と私有地の両方に適用できる多くのグリーンインフラを採用していた。

当初、局所的な雨水規則（条例、ガイドライン、基準など）にのみ注目した。しかしほどなくすると、調査により、ある一つのコミュニティにおけるグリーンインフラの本当の存在感は、他の様々なコミュニティも採用することのできる多くのプログラムや政策によって生じるのだということが明らかになった。

背景

面積、人口、地理的な位置に至るまで多様な米国のコミュニティの多くは、地元の河川、小川、湖や河口の水質が、開発や都市化の影響から確実に護られる方法を探している。ここここで紹介する地方自治体は、個々の敷地規模で不浸透性の面積を減少させるためにグリーンインフラによる実践を追加したり、流域全体や近隣地区の規模で自然のオープンスペースを維持するためにグリーンインフラの実践を使用したりしている。

シカゴ（イリノイ州）

シカゴのグリーン・アーバン・デザイン（GUD：緑の都市設計計画）は、都市部、非営利団体および民間部局のパートナーシップとして開始され、洪水（および熱の影響）の管理を改善した。2007年には、浸透性の舗装と高反射率のコンクリートが施された30のグリーンアレーと街中に200以上の集水池が設置された。グリーンアレーの設計はまた、下水道からの雨樋の縦樋の分断、屋上からの流出水を集めるための雨水樽の追加、地下の洪水を防ぐための揚水ポンプのバックアップ電源の設置などを住宅所有者に奨励した。これは、現場での洪水を防止するために現場からの雨水流出量を低下させ、極端な降雨事象を処理するためのインフラ整備の能力を支援することが目的である。

さらに、775マイル以上の合流式下水道をつなぐパイプをモデル化し、地表と地下の洪水の問題点を評価し、グリーンインフラを含むコスト対効果の高い解決策を推奨した。節水の分野では、漏水を減らすことによって、5年間で6億2000万ドルの公共事業が、1日当たり約1億6000万ガロンの水を節約している。エネルギーは水のポンプアップやろ過、分配および処理のために使用されるので、水の節約は、都市が毎年消費する19万266MWhの電力を削減する助けとなり、それによって温室効果ガスの排出も削減される。[113]

シカゴの事業には、増加した洪水リスクと環境衛生上のストレスを含む気候変動が及ぼす将来の影響に対処する計画を立てることが取り入れられた。シカゴは現在、「シカゴ気候行動計画」を実施している。その計画は、進展する気候変動に直面するシカゴが、洪水などのリスクに適応するための戦略として、グリーンルーフ、植樹、雨水利用などのグリーンインフラを重視している。

また、域内の合流式下水道のオーバーフロー問題を契機として、シカゴは都市部の屋上緑化を推進する上で屋上緑化業界をリードしてきた。市役所にある2万平方フィートのグリーンルーフは雨水流出を減らし、敷地周りのヒートアイランド効果を低減することにより市の大気の質を改善してきた。このグリーンルーフは2001年の完成以来、街のエネルギーコストを年間5000ドル節約している。そして、局所温度のモニタリングにより「グリーンルーフができた最初の夏の間に、その冷却効果により、屋根の表面温度は39度の低下をし、気温は15度の低下を示した」を認定した。現在までにシカゴでは、完成したグリーンルーフに建設中のものも合わせれば700万平方フィートのグリーンルーフがあり、プロジェクトの数にして400のプロジェクトが様々な開発段階にある。

シカゴはミシガン湖のほとりの活気に満ちた都市で、米国内におけるグリーンインフラの革新的自治体の一つである。シカゴの住民は、100平方マイル以上の不浸透性の被覆、数千マイルに及ぶ上下水道管、シカゴ川のコースを逆にしたよ

グリーンアレー（緑の路地）は、歩行者やサイクリストに優しい道路としての機能に加えて、地球との健康的な関係を促進するための様々な持続可能なデザイン機能を示す。

うな28マイルの運河、ほぼ100マイルの雨水貯蔵トンネル（水路）などを含む上下水道インフラの広大なシステムによって奉仕されている。シカゴは、自分たちの環境的、社会的、経済的目的をよりよく果たすために、グレーとグリーンのインフラを統合したシステムを創っている。シカゴのグリーンインフラ・プログラムは、グリーンビルディングや交通、エネルギーと資源管理に対応した総合的な環境課題の解決策である。

グリーンインフラを進める原動力：老朽化するインフラ、都市のヒートアイランド効果、トリプル・ボトムライン

シカゴは、1930年代以前に下水道を設置した他の多くの都市と同様、汚水と雨水流出の両方を輸送する単一の配管システムを持っていた。大嵐がシカゴの廃水処理場や未処理廃棄物、雨水の処理能力を圧倒すると、未処理排水と雨水は放出され、デスプレーンズ川とミシガン湖の水質を劣化させる。

シカゴは洪水時の容量を拡張する「深い水路」システムに数十億ドルを投資しているものの、市はこのグレーインフラをグリーンインフラによって補完している。この水路の完成は2019年以降も予想されておらず、気候変動がその能力を圧倒する可能性がある。シカゴは、災害に対してより堅牢なシステムを作成するために、下水道へ入る前に雨水を浸透させるか蒸散させるか、あるいは集水するか、というランドスケープをベースにしたグリーンインフラのアプローチを推進している。

グリーンインフラは、都市のヒートアイランド効果によって悪化した極端な夏の暑さ対策へのコスト対効果の高いアプローチと見なされている。都市のヒートアイランドは、不浸透性の被覆が高密度に地面を覆っている都市部で引き起こされるが、そうした場所は日中に多くの熱を吸収し、夜半に多くの熱を放射する傾向がある。シカゴでは不浸透性の被覆で占められる都市部は58%にも及び、特に深刻な都市部のヒートアイランド効果を経験した。グリーンルーフや樹木のキャノピーは大幅に都市環境の温度を低減することが知られている。シカゴにおけるグリーンインフラを推進するために最終的なきっかけとなったのはトリプル・ボトムラインを進める市の事業である。シカゴの市長は、健全な環境には堅牢な経済と生活の豊かな質の両方が必要であるという姿勢を一貫して維持している。市長は、2003年にリリースされた包括的な水のアジェンダと2005年と2006

年にリリースされた環境行動アジェンダによって、シカゴの環境への取り組みが住民のエネルギーコストを節約し、市の財政健全化を助長し、居住性を高め、また、シカゴの敷地価値の上昇に貢献している、との信念を再確認した。

雨水管理規制

最も直接的にグリーンインフラを促進するシカゴの政策は、雨水管理条例である。2008年1月1日の時点で、新しい開発や再開発が1万5000平方フィート以上の土壌を撹乱したり、7500平方フィート以上の駐車場を作成したりする場合には、敷地内に少なくとも初期降雨の半インチの雨を拘留する必要がある。そうしなければ開発は、敷地の元々の浸透性を最大で15%低下させる可能性があるという。

グリーンストリート・プログラム

1989年リチャード・デイリー市長は、市内の樹木を増加させるグリーンストリート・イニシアチブを発表した。市長は官民ともに植樹を推進し、メンテナンスや公教育を改善することにより、1992年までに50万本の樹木を増やすことを望んだ。2006年までの進捗では期待より遅かったものの、市内には58万3000本以上の樹木が植えられ、緑陰で陰地になる面積を全体の14.6%にまで高めた。これらの樹木は生活の質や空気の質を向上させる効果を持っていただけでなく、雨の遮断と蒸発散量を介して流出量を減少させる効果もあった。

新しいグリーンルーフ・プログラム（緑の屋根・屋上緑化プログラム）

シカゴは、ザ・グリーンリーフという助成プログラムとグリーンルーフ整備基金を通じて、グリーンルーフを建設するためのインセンティブを提供している。2005年、2006年、2007年にこの助成プログラムは、住宅や小規模な商業ビルの行った72のグリーンルーフ・プロジェクトに5000ドルの助成金を授与した。2007年、シカゴ市議会は、ザ・グリーンリーフの整備基金に50万ドルを割り当てることを決定し、企画開発省は市のセントラルループ地区内のグリーンルーフ・プロジェクトに10万ドルまでの賞助成を承認した。

グリーンアレー・プログラム（緑の路地プログラム）

シカゴには、3500エーカーの不浸透性材料で舗装された公共の路地を推定1900マイル持っている。グリーンアレー・プログラムは、路地の浸水を軽減し流出水の浸透を高めるために浸透性の様々な舗装材をテストする目的で、シカゴ運輸局（CDOT）によって実施された一連のパイロット・プロジェクトであり、2006年に始まった。2009年末にこのプログラムはパイロットではなく恒久的なものとなり、CDOTは市内全域に100以上のグリーンアレーを設置した。また、持続可能なインフラの実践経験を共有するために、グリーンアレーハンドブックを発表したが、これは、このプログラムによって実施された最良管理実践を解説するもので、パイロット・プロジェクトの例を紹介するものであった。

持続可能な街並みプログラム

CDOTは、持続可能な街並みプログラムを通じて、シカゴ市内全域の道路改良プロジェクトにグリーン・ストームウォーター・インフラを統合し、斬新な雨水管理技術をテストした。この注目に値するプロジェクトには、①130番ストリートとトレンスアベニューの再編・勾配分離プロジェクト、②USX Southworksの敷地を通過する米国のルート41の再編プロジェクト、③サー・マクロードのために計画されたパイロット・プロジェクトなどが含まれる。①はカルメット川の近くにあり、道路から表面流出した雨水を直接カルメット川へ流すのではなく新しく処理池や植生湿地を創り、その中へ導くようにしたものである。同様に、②のルート41の再編は、浸透性舗装、浸透管などの処理構造を用いて、ミシガン湖と合流式下水道へと排出される流出汚濁負荷を低減するものである。この3つ以外にもCDOTによって完成した持続可能な街並みプロジェクトはあるが、それらには浸透性舗装、雨の庭™、浸透性広場、浸透性アスファルト舗装の駐車レーンなどが含まれている。

緑の許可証プログラム

シカゴの2005年に設立された建物のグリーン認証プログラム局は、所有者や開発者に緑を構築するための革新的なインセンティブを提供している。適格とみなされたプロジェクトには、迅速な許可が与えられ、許可料が安くなる。1次請けへの給付申請の場合、適格なプロジェクトならば営業日30日以内に許可証を

シカゴのグリーンアレー・プログラムは、既存の路地道を雨水流出を浸透させる浸透性舗装に改修するものである。

受け取ることができる。一般に建設の開始が早ければ早いほど、早期の販売と施工ローンの利息減少につながる。節約は、重要な金融節約へつながるとも言い替えられる。さらに、より厳しい２次請けの給付に適格なプロジェクトの方は、最大2万5000ドルまでの許可手数料の減額という形で直接的な金銭的利益を受けとることができる。

グリーンインフラ実施の結果

シカゴの包括的なグリーンインフラ・プログラムは、市の景観に目に見える変化をもたらした。2010年の時点で約60万本の樹木が市の「グリーンキャノピー」として追加され、400万平方フィート以上のグリーンルーフが300の建物に設置された。市内全域のパイロット・プロジェクトは、グリーンインフラの実践が、いかに路地、街路、建物を統合することができるのかを実証している。これらのプロジェクトは流出を減少させるだけでなく都市部のヒートアイランド効果を軽

この建物はシカゴの雨水管理要件を満たすグリーンルーフ、浸透性舗装と生物低湿地を備えている。

減し、空気の質を改善し、歩行者環境を向上させる。市庁舎のグリーンルーフから集められたデータは、屋根が50％まで雨水流出を減らすだけでなく大幅にエネルギー使用量を削減し、冷暖房にかかる市の経費を毎年約5500ドル節約させることを示した。

また、見えにくいがおそらくもっと印象的なことは、市と開発コミュニティのビジネスを行う方法が実際に変わったことである。市がグリーンインフラの実践を実証するためにパイロット・プロジェクトを構築するにつれて、開発者や関連する設計業、建設業、製造業界では、グリーンインフラ関連の資材や慣行に慣れてきている。市の様々な金銭的インセンティブを用いることで生じるこの親しみやすさは、ある場合にはグリーンインフラのコスト競争力を高め、開発コミュニティの中でその採用を拡大してきた。結論としてシカゴは、広範な環境課題へグリーンインフラを統合する例でリードし、インセンティブベースのアプローチを追求することで徐々により持続可能な発展と、より堅牢なトリプル・ボトムラインの実現に向けて動いている。

2001年にシカゴ市庁舎の屋上に庭園が登場し、「都市のヒートアイランド効果」と呼ばれる現象を抑制した。この庭は今も繁栄し続けている。

ポートランド（オレゴン州）[114]

ポートランドでは、雨水の流出によって建物や道路から地元の下水道へ様々な汚染物質が運ばれ、雨水は未処理下水と混ざり合って地元の河川に流入する。1991年にポートランドは、この雨水と下水の問題を解決しようとして、新しい下水道と暴風雨時の下水貯留用の大きなパイプを建設するための14億ドルの計画を作成した。ポートランドの土地面積の約50%が不浸透性であり、その中で道路が占める割合は25%、屋上が占める割合は40%である。2004年には、ポートランドは50件の下水道のオーバーフロー事象を経験し、280万ガロンの汚染水を地域の水路に排出した。

その結果、市は、住宅所有者がグリーンルーフを設置したり、縦樋を下水道から分断したりするための経済的インセンティブを提供している。また、下水道に流入する雨水の量を減らすために、自然界のシステムを模した雨の庭™などの造園機能を備えた道路を再設計し、潜在的な下水道のオーバーフローを制限し

動物、昆虫が市庁舎に巣を作っている間に、雨の75％を吸収することによって水の流出を減らし、排水と下水のオーバーフロー問題を抑制する。屋上庭園は、雨水の流出や排水を大幅に減らすだけでなく、積極的な環境利益ももたらす。

ている。また2004年には、グリーンインフラ・プロジェクトに300万ドルの投資を行った。

建物の所有者には、現場での雨水管理の要求やグリーンルーフの設置に対してゾーニングインセンティブも与えられた。2006年には、ポートランドはグリーンインフラの設置者を対象に、雨水管理手数料の35％の割引を導入した。2008年にはグレイ・ツー・グリーン・イニシアチブを拡大し、５年以上でグリーンインフラに5000万ドルを投資する計画を発表した。市の目標は、未開発のオープンスペースを保護し、自然の植生を復元しながら、グリーンストリートやエコロジカルルーフを設置したり、樹木の数を増やしたりすることであった。当時の縦樋分断プログラムは、４万5000世帯に対して、１本縦樋を下水道から切り離すたびに53ドル、合計で６万ドルを市が支払うもので、これにより、年間15億ガロンの雨水が下水道へ流入することを防いだ。[115]

グリーンストリート・プロジェクトは年間約4300万ガロンを保有して浸透させるが、それは毎年約80億ガロン、すなわちポートランド市全体の雨水流出量

ポートランドの中心地からフォックス川の公園流域を望む

の40％を潜在的に管理する。ある単一のグリーンインフラによる下水道リハビリプロジェクトは、グリーンインフラ実践に関連する他の利益（例えば清浄な空気や地下水の再涵養など）を控除しても、約6300万ドルを節約した。

ポートランドは全体としてグリーンインフラに800万ドルを投資することで、排水と雨水の合計流量を33～26インチに抑えるために必要な下水管のサイズを縮小することが可能となり、ハードなインフラにかかるコストを２億5000万ドル節約した。[116] このように、グリーンインフラの評価は、それに対する「ハード」な代替案と比較した結果、回避できると予測される損害額、さらには物件の価値を高める市場の嗜好性（例：不動産価値）を考慮して計算される。[117]

また、ポートランドは、気候変動によって今後の降水がより頻繁でより極端になるであろうことを予測してグリーンインフラの実践を行っている。市の見解は、グリーンインフラの実践とは、気候条件の変化や未来における気候変動に伴ってコスト対効果が高く柔軟で自由自在に規模が変更できる方法であり、雨水管理能力を増強するために必要に応じて敷地所有者全体に直ちに普及することができるだけでなく、既存の市のプロジェクトにも統合されることができるもので、都市の回復力を向上させる解決策の一例であるとしている。

ポートランドの開発は、最も都市化した場所において増加し続けたが、それは、

ポートランドにはグリーンインフラ実践に対する様々なインセンティブがあるが、中には、縦樋を下水道との接続から分断する世帯に対して雨水管理手数料を最大100%割り引くものがある。

雨水流出の量と速度を膨大に増加させた。水路の水質も劣化させた。合流式下水道からのオーバーフロー（CSOs）も地域の水質を劣化させる一因であった。ポートランド環境サービス局（BES）は、こうした環境制約を緩和する方法を求めて革新的な雨水管理を促進するインフラの「グレーからグリーンへ」計画を策定することで、従来のグレーインフラを10年間でグリーンインフラに交換すると、そこで生じる生態系の利益はどのようなものであるのかについて分析を試みた。市はさらに、生態系利益に加えてグリーンインフラが提供できる多くの社会的利益や経済的利益の研究もし始めた。例えば、グレーな従来の手法から43エーカーのグリーンルーフの計画へと転換した際に生じるエネルギーの削減量についても計算している。

この計算は、年間削減量を６万3400kwh と推定する。次のステップは、１kwh 当たりの価格を乗算することによって、この省エネルギー利益を金銭価値へ変えることである。まだ、これらの利益に対して金銭価値は割り当てられていないが、市は、グリーンインフラがそのコミュニティに提供できる基礎的加算値のより上手な把握を目指して励んでいる。

ポートランドの雨水管理必要条件

実用的な最大の範囲に対し、敷地内浸透や他の実践を義務的階層構造で行う。

グリーンインフラ実践の典型的な事例がポートランドに存在する理由

ポートランドは、グリーンインフラによる雨水管理の典型的な事例としてしばしば引用されるが、それには十分な理由がある。ポートランドは、全米でも成熟した包括的なグリーンインフラ・プログラムを持つ市の1つである。その複合的で重複した政策とプログラムは、時間をかけた何度かの揺り戻しを経て今日あるような形となり、成功したと言えるものになった。市がイニシアチブを取って市全体のプログラムを実施するには、ある程度のリスクがある。実質的な合流式下水道からのオーバーフロー（CSOs）のためのトンネル（水路）のコスト（総コ

図12　2013年、Zidell Yards Green Infrastructure Scenarios プロジェクトが分析と計画の分野で Honor Award を受賞した。このプロジェクトは、米国環境保護庁、ポートランド市環境サービス局、ZRZ Realty Company、および TetraTech を含む GreenWorks が率いるチームで、挑戦的なプロジェクトの一環として非常に多くの専門家に認められている。

ストは14億ドルと見積もられている）に加え、ポートランドは主要なグレーインフラのコストを相殺するために、グリーンインフラに投資している。市は、維持管理や修理コストとしてかかるCSOsのコストにおいて、納税者からの２億2400万ドルを節約するために、グリーンインフラへ900万ドルの投資を検討している。グリーンインフラには雨水の直接的な恩恵の他に、ギンザケとシールヘッドトラウトに対する恩恵や、グリーンストリートや流域スチュワードシップ助成金プロジェクトが与える近隣住民への多くの付加的利益があるからである。上記に羅列された多くの政策が、ポートランドは雨水をすばやく除去すべき問題だと強調するのではなく資源と見なしているという事実を証明している。

グリーンインフラ実施の結果

プランターと雨の庭™、生物低湿地、多孔質舗装、雨水集水、グリーンストリート、分断された縦樋などの様々な形に変換された技術は、ポートランドの至る所

垂直面と水平面の両方を雨水管理に使用し、人々が楽しめる高品質な空間を提供している。

で良き設計表現を伴って、豊富に見られる。これらのグリーンインフラ実践は、駐車場やアパートなどの私的なビジネス空間から学校や公園、川岸遊歩場のような公的空間や官庁まで、幅広い場所で見受けられる。再び言うが、ポートランドにおける政策は、官民問わず開発に対し現場での雨水管理を義務づけることから住宅所有者と開発者に対しインセンティブに基づいたプログラムを提供することまで、設計と機能の革新に帰着している。

縦樋分断プログラム

ポートランドの縦樋分断プログラムは、合流式下水道地域にある住宅と小企業をターゲットにした雨水と合流式下水道のオーバーフローに関する公教育の大きな機会を提供するものである。これは、5万6000件の敷地で縦樋が分断されたという直接的な利益をもたらし、結果として1994年から12億ガロンの雨水が合流式下水道から除去されることになった。ポートランドの「Clean River Reward（河

より大きなグリーンインフラ施設の設置には、地元の公園や活発な交通機関との連携が伴う。（タンナースプリングスパーク，ポートランド，オレゴン州）

をきれいにするコンテスト)」や雨水料金割引プログラムには、住宅所有者と商業地の所有者の両方から3万5000人以上の人々が参加した。これらの割引は、プログラム開始時に所定の位置で低影響開発の実践をしていた敷地に対して、遡ってクレジット（信用付け）をして400万ドルを拠出するもので、最近参加した敷地に対しては割引金額として150万ドルを拠出するというものであった。ポートランドは、非常に上手くインセンティブ（金銭的優遇措置）と規則を混ぜ合わせる。地域規則と条例が変化を生むことのできる場所ではそれが採用されているが、既存の敷地やより早急な結果が欲しい場所では報奨金やインセンティブ、割引などのプログラムが採用された。

公共か私有かにかかわらず、ポートランドの現在の雨水管理条例とマニュアルは、ポートランド市内にあるすべての計画に対して義務づけられる要求について概説している。500平方フィート以上の不浸透性表面を開発する計画や再開発する計画、あるいは既存の敷地が新しく出る雨水排水を敷地外に放出することを提案する場合、雨水中の汚染の削減と流量調節の要求に応じることが求められる。また、いずれの規模の計画も、雨水輸送の目的地と処理に関する要求に応じなければならない。それは、「実行可能なところならどこででも現場での浸透を義務づけることによって、開発前の水文条件を模倣する」ように設計された、次のよ

タンナースプリングスパークの池の生態系が早期に損傷した後、ペットの立ち入りは許可されていない。

タンナースプリングスパークは、周囲の硬質舗装面からこの公園に入ってきた雨水を貯めるために5300平方フィートの池を備えている。

うな階層型システムを含有している。

1．地上の浸透施設による敷地内での浸透
2．公共浸透施設であるスワンプ（水たまり）システム、私有のドライウェル浸出トレンチなどによる敷地内での浸透
3．排水路、河川、雨水管システムによる敷地外への流出
4．合流式下水道による敷地外への流出

グリーンストリート

ポートランドのグリーンストリートは、「グリーンストリートの使用を官民の開発に組み込む」ために、2007年に市議会によって採用された政策で、部局を超えて様々な利益を達成するものである。

・敷地に降る雨水を処理する。
・水質を向上させ、地下水を涵養する。

・魅力のある街頭の景観を作り出す。歩行環境を増強し、近隣へ公園のような雰囲気を分け与えることによって、近隣の居住快適性を増大させる。
・歩道と自転車専用道路の両方を作るなどの幅広いコミュニティの需要に応じる。
・近隣と公園、レクリエーション施設、学校、主要幹線道路、野生生物生息地などを連結する都市の遊歩道として役立つ。

グリーンストリートは、市全体で優先権のある「企画立案されると部局を越えて行われる複合的なプロジェクト」のプロセスを形式化した。そして「交通資本改善プログラム（Capital Improvement Program:CIP）」プロジェクトがどのようにしてLIDを新規の道路建設や既存の道路改修計画に組み込むことができるのかを同定した。グリーンストリートは、公益道路におけるグリーンインフラの目標を実現するために、市の政策と資金調達によって制度化されている。

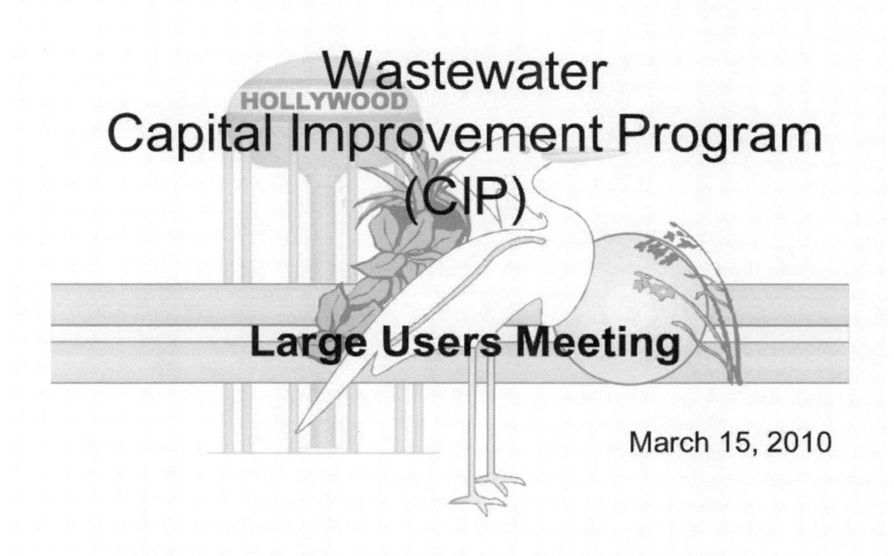

図13　交通資本改良プログラム（Capital Improvement Program:CIP）2010年の大規模利用者会議のポスター

視察と伝達と公的支援活動

ポートランド環境サービス局（BES）は、グリーンルーフ、雨の庭™、グリーンストリートなどグリーンインフラの訪問を住民や観光客に勧める徒歩と自転車用のツアーをいくつか実施している。当該場所には看板と説明板が備えつけられており、都市の敷地における雨水の役割をより意識させ、知識を公衆に与える仕様となっている。これはまた、ランドスケープアーキテクト、工学エンジニアなどの雨水関連分野の技術者や専門家に対するデモンストレーションにもなっている。

グリーンルーフとエコルーフに対する床面積奨励金：グリーンルーフとエコルーフに対する床面積当たりの奨励金は、それらを増やすことを対価に建物の床面積を増加させるもので、このインセンティブ・プログラムに参加した11の敷地は、付加的な私的開発において約２億2500万ドルを生みだした。このプログラムはエコルーフの開発を促進するもので、その結果、ポートランド市内には120を超えるエコルーフが現れたのである。この種の地域開発インセンティブは、グリーンインフラをさらに一歩進めた市場の開発を促進する効用を持つが、他方、低影響開発の設計と実践を刺激するものでもある。

コミュニティ流域スチュワードシップ助成金：コミュニティ流域スチュワードシップ助成金は、技術援助と財政的援助を提供し、コミュニティ主導の流域の健康増進計画においてパートナーシップを促進するものである。この対象となる計画は、エコルーフ、駐車場の低湿地、生物生息地の回復、縦樋の分断などである。このプログラムは、1995年から2005年の間に、2万7000人を超える市民を引き込み、市のすべての副流域の中で108のプロジェクトに対して助成を行った。この広範囲なコミュニティの結びつきと現場での近隣地区の改善は、地域の利害関係者によって唆されたり支持されたりしやすく、地域コンテクストに依存した解決がなされやすい側面があるが、その一方で、グリーンインフラ政策が支援ネットワークを拡大しようとするのを促進するものである。

Clean River Reward（クリーンリバーアワード：河をきれいにするコンテスト）

クリーンリバーアワードは、登録者について雨水管理に関する受益者負担金のうち、現場での雨水管理料金は最大で100％まで、雨水料金請求書の合計金額は最大で35％までを割引する。料金の割引は、雨水流出の流量率や汚染の削減率、処理の実践の範囲と実効性に基づいて決定される。このコンテストは1万4000人の登録で始まったが、2006年10月にはポートランドの17万6000人の地方税納付者のうちの11万人に到達した。

グリーンインフラ実施の結果

デモンストレーション・プロジェクトのモニタリングとそこから得た知識は、植栽のあるシステムで雨水を管理する新しい政策を実施するための初期段階における重要な要素であった。このプロセスは反復することで都市の雨水分流式下水道と合流式下水道に対する要求を明らかにするが、同様にLIDによるアプローチの効果も実証し、ポートランドが米国内で最も成熟した機能的な混成型の雨水排水方式を確立するのに役立った。許可を出す者あるいは監督者である市の職員たちと地域のエンジニアや開発者も含めた「技術者」の学習曲線が、純粋に管のみで雨水を輸送するシステムから自然排水の構成要素も含有するハイブリッドシステムへ移行する過程を、遅くさせる可能性もある。しかしながら、ポートランド環境サービス局（BES）のトム・リプタンは、新しい政策を作り出す初期段階での勝利の公式はパートナーを同定することであり、その後、公共政策へと展開できるような小規模な計画から始めることだと明言している。

ウィルソンヴィル（オレゴン州）

オレゴン州ウィルソンヴィルは、ポートランド大都市圏の南端、ウィラメット川に沿って広がる都市で、人口は約1万7000人、過去10年間に急速な成長を経験している都市である。

ウィルソンヴィル市の大部分は、ポートランド大都市成長境界内に存在する。そのため農地や山林での開発は制限され、現存の市街地区域内でインフラとサービスのための効率的な土地使用が求められる地域である。ウィルソンヴィルの土地利用と雨水管理政策は、天然資源保護と増加する高密度な土地利用との均衡を図るために、共に機能している。市は、浸透性舗装、エコルーフ、生物低湿地などの現場の管理実践を義務づけて強化することに加えグリーンインフラの施工と性能を検査するために、民間の開発プロジェクトと仕事をする形でグリーンインフラ事業に着手した。最初の教訓の上に築かれたウィルソンヴィルは、現在、グリーンインフラの手法を資本改良プロジェクトと新しい開発プロジェクトに適用

ウィルソンヴィルメインストリートコンドミニアムの開発

する条例や規制に組み込んでいる。

原動力

ウィルソンヴィルのグリーンインフラ計画とプロジェクトは、ポートランド大都市圏による長期的な支持と、オープンスペースを保存する価値やスマートグロース、環境と開発との均衡を保つことを目標とするグリーンストリートなどへ研究が広がっているという状況の中にある。さらには、将来の都市の拡張と雨水システムへの需要のために、時代遅れの総合計画を最新化して改訂しなければならないという必要性に強く動機づけられている。新しい雨水インフラにかかるコストの財務分析は、州と連邦の水質汚染防止法の要求に合致させるだけでなく、市の複数の部局や一般の公衆が享受できる複合的な利益を生むよう、管理手法の改良を段階的に行わせることになった。グリーンインフラ・プロジェクトは、ウィルソンヴィル雨水総合計画において優先的になされる。なぜならば、それが、汚染物質の処理や流量調節、地下水の涵養やランドスケープによる審美的な改善などの複合的な利益をもたらすからである。現地への資本投資は小川を復元し、湿地と緩衝地帯を保全したり増やしたりするプロジェクトを強化する。そして、総合計画中の他の投資は、街路や駐車場のような既存の不浸透性表面を、敷地上で流出水を浸透させられる植栽地表面に替える実践へと改修させる計画に集中している。

パイロット・プロジェクト

市が、約500エーカーの所有地をヴィルボイス（Villebois：都会森林地域）と呼ばれる用途混合村領域へ再開発するために1990年代に計画を開始した時、市の職員は、この大きな敷地のために作り出された条例とインフラの計画は、市全体に適用できる将来の開発条例へ転換するための試験段階にあると認識していた。そこで市は、完全な開発の設計要件を終了させる前に、計画前の段階で、浸透性舗装、バイオレテンション装置とエコルーフなどの敷地規模のグリーンインフラの実効性をモニタリングや検査し、かつ分析することを開発者に義務づけた。この試験期間はまた、市の職員が現存の市と州の開発条例に上手く新しい雨水管理要求を統合できるかどうか、考えることを可能にした。結果としてこの試験段階は、分散型雨水管理を促進し、輸送と自然資源、公園とオープンスペースの計画とを十分に統合する最新の雨水要件を生みだした。

政策：天然資源保護

2010年に市は、開発と改修する敷地上で自然地域を保護し、新しいグリーンインフラの要素を導入するための尺度を概説する最新の総合計画を採用した。この計画は、新しい開発への負の影響を制限することが地域の水質を護ることにつながるとして、グリーンインフラの必要性を優先することを明確にしている。地下水の浸透を向上させ、生息地の価値を上げ、コミュニティの美観など他の利益も提供する方法を促進するものである。具体的には次のような概念を含む。

・流れや小川などを含む自然排水システムが都市の排水システム全体の基本要素として機能するために、オープンスペースとして維持されなければならない。この措置は、地下の暗渠あるいは排水管へつながる現存する自然排水システムを地下へ埋設しないように保護することも含有する。

タウンセンターパークはウィルソンヴィルの商業地区の中心に位置する都市公園である。公園は、公共のイベントから普段のピクニックまで、様々な用途をサポートする活動の拠点になる。水の装置はこの公園の特徴的な要素であり、深い流入池とバブラー要素を備えたカスケード水流を特徴としている。

・小川、低湿地、その他の開渠型排水システムは、新しい開発にランドスケープを行う要求とオープンスペースの保全要求に合致するべく使われなければならない。

・既存の地下排水路は表層水の流れとして復元するか陽の下に晒されなければならない。

・敷地開発計画は、雨水の表面流出を緩和しつつ水辺や山崩れに弱い地域で自生植物を保全したり、生息地を改善したりするものでなければならない。

・侵略的な植物の除去など地域の植物相の復元も、開発のタイプや規模、場所に応じて必要になることがある。

ウィルソンヴィルの雨水管理必要条件

敷地内での雨の拘留と水質の浄化施設を提供する。敷地の開発後の表面流出率は開発前のそれを超えてはならない。指針の改訂は、グリーンインフラを用いた近隣地区のパイロット・プロジェクトの結果を以ってその都度行われる。

ミルウォーキー（ウィスコンシン州）

ミルウォーキーは、CSOsを制御するためのグレーインフラへの実質的な投資（例えば、雨水貯水トンネルのための24億ドルなど）をしているが、それだけではなく、雨水の貯留能力の効率性を高めるためのグリーンインフラにも投資している。2003年から2004年にかけては、グリーンインフラに約90万ドルを費やした。市は、雨水の流出を抑制するために、縦樋の分断、雨水樽、60件におよぶ雨の庭™などに合計で17万ドルを費やした。地元の住宅プロジェクトに38万ドルを費やして2万平方フィートのグリーンルーフを設置し、予測された流出量の85％を流出させずにそのままグリーンルーフに保持させ、残りの15％を雨の庭™と現地の灌漑用貯水池に導くことを行った。さらに、4つのグリーンルーフ・プロジェクト用に30万ドルを追加した。モデリングでは、グリーンインフラを設置している地域では、雨水の表面流出の下水道へのピーク時流入量が5～36％削減され、CSOsの量が14～38％削減され、汚水を処理する工場への流入量が31～37％削減されると推定されている。そしてすでに商業地域で実施されているグリーンインフラ実践は、CSOsの量を22から36％削減すると予測されている。このような状況の下、ミルウォーキーは2014年までに1100万ドルをグリーンインフラに追加した。[118]

2010年5月、ミルウォーキー首都圏下水道地区（MMSD）は、アメリカン・リバーズを含む14のグループに対して、グリーンインフラの整備助成金として370万ドルを授与した。この助成金は、メコンの小さなプロジェクトからウィスコンシン大学ミルウォーキー校のゴールド・マイア図書館の屋根を大規模改修することまで、グリーンインフラにおける最良管理実践に焦点を当てた一連のグリーンルーフ・プロジェクトを支援するものであった。この支援を受けたプロジェクトの中でも注目すべきはウィスコンシン大学ミルウォーキー校のゴールド・マイア図書館で、ここは、7500平方フィート以上の浸透性舗装、4000平方フィートのグリーンルーフ、1100平方フィートの生物湿地と雨の庭™、2つの1000ガロンの雨水集水器と雨水樽などを備えている。[119]

検証

合流式下水道からのオーバーフローの発生を減少させるために、また、グレーインフラの老朽化によるストレスを減らすために、ミルウォーキー都下水道地区

MMSD洪水管理プロジェクト:駐車場に設けられた生物湿地で雨水管理を行っている。

（MMSD）は、浸透と水辺サービスの強化を目的として上流の土地を購入し、グリーンシームと呼ばれるプログラムを作成した。このプログラムは、今後20年間で大きな成長が期待される地区の未開発地や個人所有の敷地の自主的な購入を行うもので、また、小川、海岸、湿地帯などに沿ったオープンスペースも購入している。MMSDは、それらが1ガロン当たり0.017ドルのコストで雨水13億ガロン以上を保持していると推定している。そしてこれとは対照的に、区内の洪水管理施設の一つは1ガロンあたり0.31ドルのコストで3.15億ガロンを保持しているという。

ミルウォーキーは、グリーンインフラの使用は、資本を投じて従来のインフラストラクチャーを建設するよりも安価であることに気づいた。市は、雨水流出管理や市街地での洪水の防止、CSOsの削減、上流での水保全などのためにグリーンインフラを用いている。グリーンインフラのこのタイプのプログラムは、共益サービス局と納税者の両者に対し、それぞれのコストを節約するように作用するものである。

MMSD洪水管理プロジェクト：自然は、ミルウォーキー郡の敷地で行われるレクリエーションの後押しをし、洪水発生のリスクを軽減している。この9000万ドルをかけた自然保護プロジェクトは、約65エーカーの大盆地で潜在的な洪水を捕らえて貯蔵し、3億1500万ガロンの水を貯留するものである。直径17フィート、長さ0.5マイルの地下トンネルは、アンダーウッド・クリークからここに過剰な水を送り出すが、そこから徐々にメノモニー川に放出される。極端な暴風雨の際には、流域は約4時間でここを一杯にする。完全に満たされている場合、川に流出するまでに4日間かかることがある。

フィラデルフィア（ペンシルベニア州）

2006年以来、フィラデルフィアでは、CSOsの大幅な削減、連邦水道規則への準拠の改善、約1億7000万ドルの節約などを目的として、市全域でグリーンインフラの計画と開発における推進政策と実証プロジェクトを行っている。現在、フィラデルフィアのグリーンインフラは市の1平方マイル以上をカバーするが、それにはグリーンルーフ、雨の庭™、植生湿地およびランドスケープデザイン領域、多孔質舗装、縦樋の分断、雨水樽やタンクなどが含まれる。フィラデルフィアは、雨水の流出をより効率的に管理するために、デモンストレーションおよび修復プロジェクトや雨水使用料の新システム、すべての新旧開発を対象とした厳しい雨水規制などを通じて、グリーンインフラを制度化している。

フィラデルフィアの研究は、同じレベルにおいて、流出抑制性能に対する「グリーン」の低影響開発の選択肢と従来の「グレー」の下水道アプローチを比較した。その目標は、下水道のオーバーフローを削減し、利益の正味現在価値を最大化することであった。2つの正味現在価値を比較すると、グリーンインフラの選択肢はグレーインフラよりも有利であり、グレーインフラの選択肢が1億2000万ドルの利益を出す一方で、グリーンインフラの選択肢からは28億ドルの利益が得られ、どちらの選択肢をとるかによって、実に20倍以上の開きがあった。(120)

さらに、フィラデルフィアは、グリーンインフラへの投資を促進するためにいくつかの条例を用いた。まずは、各敷地から出る雨水を、管理コストを厳密に反映した公平な手数料体系を作成するために、雨水課金システムを改訂した。新しい料金体系は、すべてのクライアントに対して単一の定額料金を課金するのではなく、不動産の不浸透性領域の量を計算することによって決定される。この方法ならば、雨水手数料は、著しく不浸透性の面積を有する顧客ほど高くなる。大規模な非居住者であるクライアントへの雨水料金の再配分は、2009年度から4年間にわたって実施された。新しく定められた条例は、敷地の不浸透性の領域を減らすためにグリーンインフラの設備を備えた物件へと改修する際には金銭的インセンティブも提供する。

フィラデルフィアは、2006年に全面的な開発審査プロセスを改訂して合理化し、土地のかく乱を1万5000平方フィート以上もたらす開発はすべて、許可プロセスの早い段階で雨水計画を提出しなければならないと定めた。この条例はまた、そのプロジェクトが、直接グリーンインフラへ接続されている不浸透領域

（DCIA）を少なくとも20％削減して埋立地の開発やグリーンインフラの実践を促進することができれば、当該プロジェクトを標準的な水路保護および洪水管理の要件から免除することも定めている。[121]

フィラデルフィアは、従来のグレーインフラによるアプローチでは、地域で日に日に大きくなりつつある雨水管理の問題を管理するのに法外なコストがかかり、また、仮に実施したとしてもそれでも市の水質基準に十分に対応することができないという事実に直面した。このため次なる解決案として、グリーンインフラと向きあった。市は、従来のグレーインフラとグリーンインフラを比較するトリプル・ボトムラインの評価を行うため、ストラタスコンサルティングを雇った。最終報告書に書かれた分析結果は、グリーンインフラから得られる利益の現在の正味価値は、従来のグレーインフラがもたらす価値を大幅に上回ることを示している。

例えば、市全体において、LID（低影響開発）基準で50％のグリーンインフラを実施したとすると、28億4640万ドルの純利益が出ることになる。他方、グレーインフラの30フィートのトンネル（水路）では、わずか1億2200万ドルの純利益にしかならない。フィラデルフィアは、グリーンインフラが住民に与えてくれ

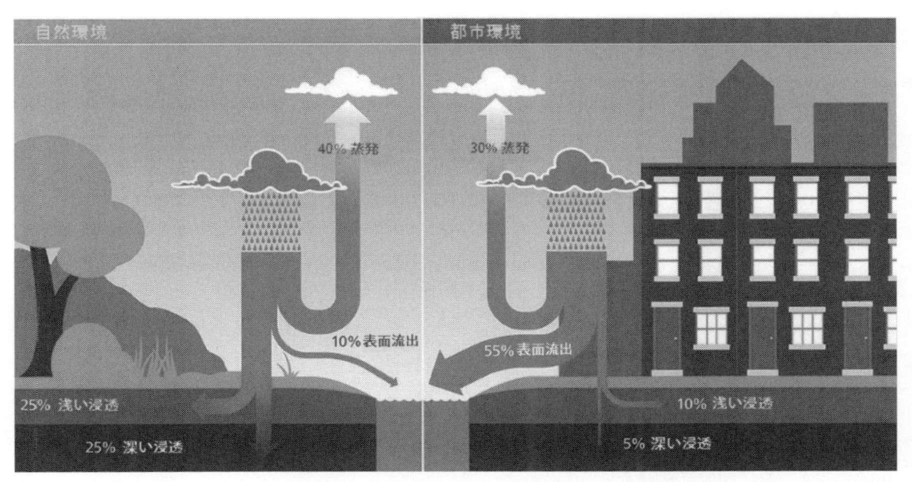

図14　グリーンシティ、クリーンウォーター：雨水が私たちの河川や河川に下水を流さないようにするにはどうすればよいか？　PWDのグリーンウォーターインフラは流出水の一部を地中に浸透させ、一部を大気中に蒸発させ、場合によっては下水道システムにゆっくり放出する（本資料は啓発用ポスター）。

る追加的価値を把握し、グリーンインフラ・イニシアチブにかなりの投資をする長期的な合流式下水道からのCSOs制御計画を作成した。「グリーンシティ、クリーンウォーター」と題したこのプログラムは、合流式下水道のCSOs削減以外にも多くの利益を提供するよう設計されている。そのために1ドル費やすたびに、公衆および環境に対する利益の最大のリターンを提供している。

フィラデルフィア水道局は、全国的に認知されたグリーンシティ・クリーンウォーターズ・プログラムをさらに効果的にするための支援を求めている。都市が問題の解決方法を改善するための組織であるシティマート（City mart）と協力して、フィラデルフィア・グリーンストームウォーターインフラ（GSI）イノベーションチャレンジを開始した。フィラデルフィアは、都市が下水の流出量を削減する水質汚染防止法の義務を遵守するためにグリーンインフラを利用しようとした最初の都市である。 現在、市は、計画と建設が始まる前に、潜在的なGSIサイトの地下条件を評価するためのツールを改良することなど、プログラムをより効率的にするためのアイデアを探している。

フィラデルフィアには、60％の合流式下水道と40％の都市型分流式下水道（MS4）がある。市は復元とデモンストレーション事業、民間部局に対する規制とインセンティブ、雨水料金請求システムの改訂などを通して、雨水管理を改善する仕事をしている。グリーンインフラは、フィラデルフィアにとって効果的な

グリーンシティ・クリーンウォーターズ・プログラムによって造られた公園

（提供：フィラデルフィア水道局）

方法である。それは、土地利用と水質との間に関連性を認めさせるもので、市はグリーンインフラにより、経済的利益、環境上利益、社会的利益という、互いに重複する利益を増加させている。

フィラデルフィアは流域パートナーシップにより、近隣の自治体と協力して市の各流水システムの流域規模での計画に対し、補完を進行中である。しかしながら市はまた、下水道領域と排水面積についても規制する領域を概説している。これにより、国家汚染物質排出防止システムと合流式下水道の雨天時オーバーフローに対処できるようになり、結果を予測できる新しいグリーンインフラの計画を優先的に扱ったり、正当化したりすることができるようになった。フィラデルフィアは、市政府機関が行う資本改良計画と同様、すべての開発計画の標準的技法としてグリーンインフラの制度化を試みている。環境計画フィラデルフィア（Green Plan Philadelphia）やグリーンルーフ税額控除（Green Roof Tax Credit)、グリーンストリート・プログラムのような街全体の政策は、公有地私有地共に機能的な緑地を広範囲に創造し、保全を促進するものである。下水道領域のデモンストレーションから雨水料金の割引プログラムまで、公共事業であれ民間事業であれ、企画設計の中核の一翼を担うランドスケープアーキテクトにとっては、フィラデルフィアの至る所にますます多くのチャンスが存在している状態である。

原動力：資産管理と賢い投資

フィラデルフィア水道局（PWD）は、現存の雨水インフラの機能を拡張する場合に、グリーンインフラが果たすことのできる役割を強調する。特に、グリーンインフラを用いて管渠網を維持するコストと、現存のシステムからフローを取り除くことで回避できる処理設備のコストの両方が、節約できると期待している。それは、可能な場所ではどこででも雨水の流出を最小限にし、他の場合には雨水を発生源で管理する分散化型のグリーンインフラにいっそうの大きな額を投資する計画である。さらにPWDは、グリーンインフラを水質汚染防止法の目標を達成できる方法として実施する。現在、グリーンインフラの実施は、デモンストレーション段階にあり、計画の中で設計されモニターされている。

水生生息地の健全と水質にとって水質汚染防止法の遵守は、グリーンインフラの性能を優先させることになる。グリーンルーフの増進、雨の庭™、街路の湿地などが目指す目標は、稠密な市街地区域を改修し、住民と訪問客の生活の質を改善することであり、大量の流出水やごみ、その他の雨水流出から受ける悪影響によって長く破壊されたままの水路の状態を回復することにある。グリーンインフラという手法は、フィラデルフィアにとって、土、水、社会、そしてインフラの目指すべき目標を一つに統合させ、実現の暁にはその複合的な利益がもたらされるように、賢く投資させるものである。

不浸透性の面積に基づいた請求

フィラデルフィアの雨水料金の請求システムは、より公正な料金体系を作り出すよう改訂されている。それは、敷地から流出する雨水の管理に対して個々の状況が緊密にコストに反映するシステムである。料金は、敷地の不浸透性面積に応じて決定される。つまり、その敷地が発生させる雨水流出量に応じて設定されるのである。市の新しい雨水料金の80%は所有地の不浸透性面積に基づいて算出され、残りの20%は総面積に基づいて算出される。雨水料金はこの方法により、空地や駐車場の他、市中の重大な不浸透性空間である公益道路のような従来のメーター制の料金算出法ならば達し得なかった対象まで、(料金を払わなければならない) クライアントとして取り込むようになった。フィラデルフィアは、雨の庭™、浸透トレンチ、多孔質舗装、植生湿地やグリーンルーフなど、グリーンインフラ設備を使用して不浸透性面積を削減した顧客に対し、雨水料のうちの不浸透性面積料か総面積料のいずれかまたは両方の割引を、100%まで提供している。また、もし敷地の改修の際にこれらグリーンインフラ機能のいずれかを後付けした場合、PWDは、不浸透性面積と総面積の課金比率を80対20とする自身の公式に基づいて、その敷地の雨水料金を再計算する。フィラデルフィアは、開発者が敷地の不浸透性面積を縮小することが出来るように簡単なリベート (財政的優遇措置) を作り出すことにより、開発者コミュニティが流域の改善、洪水の緩和、社会快適性などを街全体の目標として達成することを支援するグリーンインフラ計画を作るようになってきた。

改訂された雨水規則

フィラデルフィアの最新の雨水規制にある重要な機能の一つは、再開発事業のための免除を通じて都市の埋め立てを奨励することである。空地あるいは埋立地における開発の集中は、地域全体の総不浸透性面積を減らすのに役立つ。また、植生システムのある敷地での雨水管理は、水質改善以外にも様々な利益を与えてくれる。2006年１月に実装された新しい規則は、1万5000平方フィートかそれ以上の土の撹乱が予測されるすべての開発に適用される。直接、少なくとも20％の不浸透性面積から流出する雨水の下水管への接続を減らすことができれば、その再開発事業は、水路保護と治水要件からこの規則を免除されることができる。実際にはほとんどの開発業者は、自然地域や未開発地の代わりに埋立地で多くの開発を行っており、そのほとんどが、縦樋の分断、舗装の分断、キャノピーを増やす（樹木を植える）、不浸透性の被覆を減らしてグリーンルーフと多孔質舗装にする、などの「あなたの不浸透性領域を街の雨水管から分断する方法」として数えられ承認された方法を採用することで、不浸透性の表面を従来よりも20％削減することを達成している。この新しい雨水規則の成功は、PWDがゾーニング許可を出す際に、水、下水、雨水の概念の承認を得ることを計画者に義務づけるという事実にかかっている。雨水設計承認を求める申請者に対するこの初期の要求は、敷地の自然水文学と連携する分散型雨水管理システムの構築へと帰着した。

グリーンインフラ実施の結果

フィラデルフィアは、この新しい雨水規則を実施した2006年から2007年の間に、市の１平方マイル以上が低影響開発の機能を持って建設されたことを知った。これらの実践がすべて完成すると、合流式下水道からのオーバーフローは250億ガロン縮小し、ほとんどの初期降雨を管理することになる。それに対するPWDの評価は、１億7000万ドルの節約になるというものである。このプログラムの成功は、市中にグリーンインフラを統合するための政治的かつ公的支援を作り出すのに役立った。しかし、フィラデルフィアは、より多くのグリーン計画を作成するために雨水規則のみに依存しているわけではない。雨水規則は、土地ベースの制御によって提供される総面積の20％に影響を及ぼしたと結論づける。この数字は、20年間にわたって20％である。事実、フィラデルフィアのプログラムは、政策も事業も公有地、街路、空地と水辺などを扱っている。フィラデルフィアでは、改修に対する財政的な援助から増加するグリーンインフラ実践の利用に対処する内部的な政策まで、グリーンインフラによる経済的、環境的、社会的改善を行うために、グリーン計画において雨水規制によるアプローチの範囲とそうでない非規制的アプローチの範囲を使い分けている。

ニューヨーク（ニューヨーク州）

ニューヨーク市も、全米のほとんどの地方自治体と同様に、経済問題に直面している。そのため、インフラに投資されたすべての金額以上に、最大の量の価値を引き出す新しい戦略を見つけなければならない。不浸透面の割合が高率になるにつれ、市は、著しい量の表面流出水を発生させるようになった。さらに、老朽化するインフラが増加して財政を圧迫する一方で、現在から将来にわたって人口増加が予測される。ニューヨーク市は、居住者に利益をもたらしながらこれらの問題を解決するために、自身で作成したプラン NYC の一部にグリーンインフラの計画を取り入れた。それは、低湿地とグリーンルーフのようなグリーンインフラを、より小規模な従来のインフラやグレーインフラと統合して水質を改善する代案アプローチを表している。

2010年9月、ニューヨーク市は「ニューヨークグリーンインフラ・プラン：クリーンウォーターウェイのための持続可能な戦略」を発表した。[(122)] プランニューヨーク（PlaNYC）の推進に向けて、このグリーンインフラ計画は、都市のヒートアイランド効果を低減し、レクリエーションの機会を増やし、生活の質を向上させ、生態系を回復させ、大気を改善し、エネルギーを節約するなどの多面的な持続可能な取り組みの質を向上させる。また、気候変動を緩和してコミュニティを気候に適応させる。これらの目標は、水質の改善と同様に従来のグレーインフラでは対応できないことであるが、グリーンインフラを利用することで大幅に進歩させることができる。 EPA は、グリーンインフラの使用について、「コスト対効果が高く、持続可能であり、複数の望ましい環境成果を提供してくれるもので、様々な環境問題への効果的な対応である」と述べている。

この計画は、都市の下水道管理コストを20年間で24億ドル削減することを目指すもので、主な目標の一つは、市の不浸透性の領域10％から出る CSOs をコスト効率よく削減することである。その実施にかかるコストは、グレーインフラを実施するよりも15億ドル少なく、グリーンインフラによる雨水の貯留だけでも 1 ガロンの集水につき約 15ドルのコストですみ、10～ 15億ドルを節約できる。このプロジェクトを20年間存続することで、持続可能な利益は、施行された措置に応じて139～ 418ドルの範囲で得られる。

さらに、1991年からニューヨーク市は、カッツキルとデラウェアの流域で水源を保全し維持することに対して、15億ドル以上を委託している。このイニシアチブは、大きな負担がかかる浄水場の需要を約100億ドル節約した。市は水質を改善するだけでなく水供給サービスにかかるコストを削減し、租税負担者に恩恵を与え、また下流での洪水の懸念の解消に努めている。同時に、コミュニティに対して周辺の野生生物生息地とレクリエーションの機会を増加させている。

ハイライントレイル（ニューヨーク市）

マンハッタンの西側では、撤去を目指していた古い鉄道線が魅力的な資産に変貌した。ハイライン（High Line）である。これはニューヨーク市のランドマークであり、ニューヨークの爽やかな眺望を提供するユニークな散策路となっている。ハイライントレイルは、自然が必要なのか、芸術を求めているのか、バード

2007年の持続可能性の青写真である「PlaNYC 2030」。マイケル・ブルームバーグ市長は、都市の長期的な生存性には緑地が重要であることを認め、ニューヨークを米国の都市の先駆けに導いた。この計画は、住民一人ひとりが歩いていくことのできる10分以内に公園を設置し、通りを公共の広場に変え、「緑色の浸透性のある地表面」の量を増やすという目標を設定した。

ハイライントレイルはいつ訪れても人々でいっぱいである。

ニューヨークを空から見れば、空中の緑地の調和の中にハイラインの緑も上手く組み込まれていることが分かるであろう。ここは、都市の環境を強調するように眺望は最小限に抑えられている。

ウォッチングを楽しむのか、またはそこを行く人々を眺めるのかにかかわらず、皆のための何かを持っている。このフラットな1.5マイルの長さの車椅子でのアクセスも可能なトレイル（緑道）は、Gansevoort Street と West 34th Street の間の10th Avenue に沿って隆起したルート上の歴史的な貨物鉄道の跡地を利用したもので、ハイラインのフルツアーには往復で3マイルかかるが、多数のアクセスポイントを使用して短くしたりすることもできる。庭や美術品を鑑賞しながら散歩する人のために、このトレイルには多くのベンチとテーブルがある。

レネクサ（カンザス州）

レネクサは、３つの代替雨水管理のアプローチを比較した上で、グリーンインフラを用いた現場での雨水拘留にかかるコストは、古いアプローチによる改修と反応性の解決策よりも、コストを25％節約できると同定した。

レネクサの雨水管理必要条件

LIDの処理訓練的方法を用いて1.37インチの水量の管理をする。その他、定量制のシステムへの課金（地域のプロジェクトへの資金源として使用される）、自然水路の保全などが挙げられる。

マサチューセッツ工科大学（MIT）は、将来の暴風雨からニュージャージーとニューヨークを守る「ニューメドウランド」計画を提案した。国家の賢明な人々の何人が、上昇する潮と嵐の増加という東海岸の今後より激しくなる問題を解決しようとするだろうか。MITの率いるチームはその解決案として「Design Rebuild By Design」を提出した。「ニューメドウランド」と呼ばれるこの計画は、ニュージャージー州とニューヨークの既存の湿原を利用して、将来のスーパーストームから脆弱な地域を保護することを中心にしている（写真はニューヨーク）。

EPAのNPDES許可要件は多くの場合、地域が雨水法規を制定したり改訂したりする最初のきっかけとなる。ただし、地域の特定の目標は、現場管理要件の変数の型に反映される。このようなコミュニティは、開発者に対して不浸透性表面が生み出した雨水の特定の量を管理することを求めており、そのための政策やプログラム創出の強力な動機となっているのが雨水管理の革新である。多くのコミュニティにとって、費用支出の削減や流出の削減などの複数の利益を持つ雨水管理戦略への投資は、単一の目標しか持たない管理戦略へ投資した時代を超えた動きとなっている。グリーンインフラという雨水管理方法は従来の雨水管理とは異なり、単なる雨水管理だけでは終わらずに、社会利益や環境利益、経済利益を持っている点が、今後一層の投資が進むと思われる理由である。

レネクサは、より多くの流出を作り出す住宅、道路、その他の不浸透性表面を

カンザス州のレネクサ湖は、オープンスペースや天然資源を護る公共公園と教育領域として機能し、NPDES許可や要件に準拠する大規模なグリーンインフラを提供するレネクサ市が購入した240エーカーの土地の一部である（写真：レネクサ市提供）。

レネクサの流域公園

含む新しい開発の影響からの圧力の増加に直面する首都カンザスシティの郊外都市で成長著しい。洪水を防ぎ、住民に対し生活の質を改善するだけでなく、地元の水質を護るために、市が制定したレネクサ総合計画（ビジョン2020）は、革新的で統合された流域保護プログラム「Rain to Recreation：再生のための雨」に着手した。このプログラムは、将来の開発から土地を保護し、不浸透性領域の増加を制限し、現場で流出を管理する新しいグリーンインフラを導入するための政策とプログラムを概説するものである。2000年に始まって以来、主要な投資計画と土地買収の他、規制や非規制的な方法も含め更新されてきた。レネクサは、流域にある天然資源の地域を優先的に守り、流れへのセットバック条例の適用により水辺に遊歩道を創造することから、下流では敷地上での低影響開発の実践を義務づけることまで、流域、近隣、敷地という3つの異なる規模すべてにおいて、グリーンインフラに投資を行っている。

法規の変更

レネクサは2001年に、より大きな包括的計画の一部として、先進地域における既存の問題を解決し、雨水の流出を最小限にする新しい設備を造り、未開発地を保護することに専心する統合的雨水と流域管理総合計画を確立した。2004年には雨水条例と新しい国家汚染物質排出防止システム（NPDES）フェーズIIに対応する設計指針を可決することによって、浸透や再利用、蒸発散などの雨水管理実践を支える要件を増加させた。

レネクサの最新の法規である建築後雨水条例は、新規開発事業と再開発事業の両方に適用し、水質性能に見合うそれらの価値に基づいた様々な雨水管理実践に対してランキングを割り当てることによって、水質に優先順位をつけるものである。開発者は、この新しい基準をいかに創造的に満たすかということと、住民もテナント（借地人）も楽しめるような機能的で美的な低影響開発の実践を選ぶことに腐心する。このような自然と機能的なグリーンインフラの設計は近隣再生計画を補完し、環境とコミュニティの複合的利益を増加させるものである。

土地の取得と回復計画

レネクサ市は、水質向上という動機のみでこのような事業の展開に動いたわけではない。グリーンインフラを使用することや、地域市民の洪水に対する懸念や河川侵食の防止、生活の質の改善に取り組む計画をすることなども、雨水に関する行動を起こすきっかけとなった。水質向上と水量規制はそれぞれ異なる政策メカニズムによって対処される。新しい雨水規制は水質を直接処理するが、水量は市が独力で作った大規模計画を経て最小限にされている。

市は、洪水緩和、流れ保護、水質向上、レクリエーション的快適性を提供するために、優先領域内の土地を購入する。例えば、プレーリー湖とマイゼ湖は、河川内のダメージを受けた箇所を回復し安定させて新しい湿生地域を作ることと、大きなレクリエーションまたは教育の快適性を構築する場を計画することをそれぞれ伴った２つの計画である。レネクサにおいて最大の計画は、「レネクサ湖」と呼ばれる2600万ドルの計画である。それは、約350エーカーの都市公園の中央に35エーカーの湖を含有するもので、包括的な設計は、湿地と雨の庭™、小川の復元、トレイルとボードウォーク、レクリエーション空間、美術および教育のための空間を含有する。市は、潜在的な開発から土地を保護し既存の自然資源を増強するこの計画のために、他人の所有地を購入し続けた。

独創的な資金調達

レネクサは、これらの主要な土地購入とプロジェクト、それから、職員による

近隣開発の中で建設された1次間欠河川は、近隣の住民たちへ美的価値を与える一方で、雨水の流出を遅くし浸透させる。建設にあたっては、植物の選択と景観を変遷させることの是非について慎重に受け入れが検討された。

レネクサの公園とトレイル（緑道）の計画は、オープンスペース—特に、セットバック条例で保護されている河川の右側と繊細な副流域の地域を護り保全するために、既存の計画および将来の計画が概括されている。

「再生のための雨」プログラムの管理に対し、創造的で長期的な資金を用いた。2000年にレネクサ納税者は、既存のインフラの問題を修復し、将来起こりうる洪水から住民を守る雨水設備を建設することに役立てようと、1/8セントの売上税を創設するか否かについて投票を以って決めた。さらにレネクサは、その新しいプログラムに持続可能な資金調達をするために、雨水共益料金制度を確立した。この新しい雨水公共料金は、各一群の土地の表面から流出する水量に基づいて決定されるものである。2008 年の段階では敷地ごとにそれぞれ住戸単位と同等とみなされ、5.50ドルを請求された。それは、2750平方フィート、あるいは車道を備えた1軒の住宅の平均流出表面積から計測されたものである。

住宅用でない所有地は、発生した雨水流出の量に基づいて雨水公共料金を課された。その率は商業地のような大きな敷地からの流出が、公共システムに及ぼす影響の度合いをより緊密に計測するために、2750平方フィートで全流出表面積を割って算出される。2004年にレネクサ市議会は、資本改良（公共）事業のコストを埋め合わす手段として、新しい開発に対して建築許可の時に一度だけ料金を払うことを義務づける、システム開発料金という規定を取り入れた。この料金は、開発者が新しく不浸透性の表面を拡張することによって生じる流出量を市が管理することに対して支払われる代替料のメカニズムとして機能するものである。州と連邦の財源からの継続的な助成は、水質汚染防止法セクション319の面源汚染に対する財源のように、公園の建設と陸上輸送計画や道路計画、レネクサ湖のような設備改良およびデモンストレーション・プロジェクトに提供された。

他の資金源も、レネクサの降雨プログラムを助成しているが、その中には、1/10セントの売上税と開発者に課されたベーシック許可料によって助成されたジョンソン郡雨水管理諮問委員会なども含まれる。これらの資金源は、継続する創造やグリーンインフラの運用と維持管理によって、長期的に流域を保護することを確実にする。全体としてレネクサは、私有地開発の計画において、より多くの雨の庭™、生物低湿地、その他の形のグリーンインフラを義務づけるために不動産の地域管理を行っている。と同時に「再生のための雨」プログラムによって、重要な近隣規模でのグリーンインフラと流域規模でのグリーンインフラを提供する大規模な土地保全あるいは土地回復計画に対して、かなりの投資を行っている。

オリンピア（ワシントン州）

オリンピアは、ワシントン州の首都である。ピュージェット湾という太平洋に面した湾の環境変化に脆弱な河口を持つ地域に位置している。オリンピア市の雨水と表層水共益局（Storm and Surface Water Utility）は、設計とゾーニング局や公園と芸術とレクリエーション局などのオリンピア市の他の部局、並びにビジネスマンや住民と並走しながら、洪水を防ぎ、水界生態系を護り、水質を増強することのできる最良の科学と地域の革新を促進している。

原動力

雨水と表層水共益局は、水質を保護し改良すること、水生生息地の将来にわたるさらなる劣化を防ぐこと、洪水を最小限にすることを目的としている。オリンピアは西部ワシントン・フェーズII都市の豪雨許可が対象となる地域の一部で、それは表層水あるいは地下水として放出される前に雨水を管理することを5つの郡と81の市に義務づけている。この規制の対象となる際に原動力となったのは、オリンピアの市民と意思決定者のサケの個体数の保持と様々な種のための水生生息地の保護をしたいという意志であった。雨水流出は既に劣化している都市の排水溝を害し、未だ健康な流域の地域を脅かしていた。

政策

雨水と表層水共益局は、多種多様な政策と資金調達メカニズムによって流域を上手く保護し、雨水流出を減少させる。

現場の雨水要求

オリンピアの雨水規則は、開発の際に現場管理を通じて流出の91％を浸透させることを要求する。この効果的なグリーンインフラの実践が新しく増えた不浸透性地表面の領域と相殺されるように、市は開発者に協力する。例えば次の頁の写真は、エバーグリーン・ステート大学のグリーンルーフの写真であるが、これは構内に新しく作られた駐車場と相殺するために新しく作られたグリーンインフラである。

エバーグリーン大学には、新しい駐車場により新しい不浸透性の表面が増えることから、それを相殺するためにエコルーフが設けられた。

環境計画と政策の進展

雨水と表層水共益局とその他の市の部局は、グリーンインフラについて住民のより適切な理解を促進し新しい政策とプログラムに性能計測と評価手法を組み込むために、協同で仕事を行っている。

資本設備

市は重要な河川と水路の周辺の公有地で、新しい雨水管理と回復計画を発展させている。計画には、土地の買収と地役権の保全、生態系の保護と向上などが含まれている。

開発調査

雨水と表層水共益局はコミュニティ計画開発局とともに、開発者コミュニティにおいて革新を奨励する一方で、雨水管理と水質要求の遵守を確認するために、地域の雨水条例を最新化し続ける。市は、より上手な敷地計画や土壌と法面の保護、不浸透性表面を減らし流出をろ過するグリーンインフラなどを促進するために、開発者のコミュニティへ手を差し延べ続ける。

条例執行機関と技術援助

市は、私有地での雨水管理実践をモニターして評価するだけでなく、住宅地と商業敷地に対しても、コスト効率のよいグリーンインフラをさらに効率よく導入できるように手助けをしている。

雨水と表層水の共益料金

雨水と表層水公益局は、基本システムの維持管理や州と連邦の規制を満たし、水質を改良し、水生生息地を守るためのインフラ拡張と再建設に使われる年間収入を雨水料金の制定によって確保した。

ワシントン州オリンピアにある医療センターは、屋根などの不浸透性領域から流れ出る雨水を小さな低湿地や浸透性の歩道を通して管理している。

浸透性の街路と歩道

オリンピア市は1999年に浸透性舗装を使い始めた。新旧の計画ともに、雨水の地中への浸透を促進させて流出を縮小することを継続して行っている。初期にデモンストレーション・プロジェクトをいくつも造り、市はトレイル、歩道、街路、自転車用専用通路などで浸透性の材料を使用し続けたが、それをもとに浸透性舗装のコストと便益評価、維持管理情報、技術的スペックなどを発展させることができた。2005年に市は、従来の歩道を施工し維持するよりも、雨水を貯蔵し処理要求に対応する浸透性歩道を建設して維持する方が、コスト効率がよいということを示す研究に基づいて、自らが資金を提供する歩道の建設においては、透水性コンクリートを使用するべしという論理的根拠を説明するメモを作った。研究によれば、建設費と維持費の両方を考慮した結果、かかるコストの合計は、従来の方法で作った歩道が1平方ヤード当たり101ドルなのに対し、浸透性歩道はわずか54ドルしかかからないということがわかった。

グリーンインフラ実施の結果

オリンピアは、より上手な土地利用と現場での雨水管理実践を支持する多様な政策とプログラムを評価して改善し続けている。市は、不浸透性の表面を増やすような新規開発と、現場からの流出をよりよく管理するために改修される現存の敷地に対して、一定範囲の政策を使用する。オリンピアのグリーンインフラに関する過去の経験は、市が所有する10エーカーの公園用地をグリーンインフラで開発したことによって得たもので、その際、2009年に出された再生法に基づく州のリボルビングファンド（Recovery Act State Revolving Funds）を確保させた。この計画は、年間840エーカーフットにも及ぶ雨水流出に対して、水質処理湿地、バイオレテンション池、5000平方フィートの雨の庭™、多孔質舗装の新しい駐車場、貯留雨水を用いた灌水システムなどの増強した処理設備を提供する。この規模の計画は、ピュージェット湾とオリンピア、そして、オリンピア周辺に他にもある優先順位の高い河川を守るために、私有地の所有者が敷地からの雨水流出を管理するためにしなければならないことを補完するものである。

シアトル（ワシントン州）

ワシントン州ピュージェット湾に面するシアトルは、様々な成功したグリーンインフラ計画と政策を誇る都市である。ここで始まったパイロット・プログラムの多くが、非常に広い適用と影響を持つまでに育っている。シアトルの方法は、街路計画と投資計画に対するものなど、公地規準でグリーンインフラを義務づけるためのいくつかの内部的施策を含めている。と同時にシアトルは、私有地でのグリーンインフラを促進し義務づけるために、地域条例と開発政策による私有地での雨水管理の方法も導入した。シアトル公益事業局（SPU）は、開発を国家汚染放出除去システムの許可要件に適応させることに責任を負う出先機関である。そしてそれは、市の自然排水システム（NDS）方法を調整し、個々の敷地レベルとそれ以上に大きな開発計画の設計レベルという両方でグリーンインフラの使用を支持するものである。SPU は、初期に実施されたセカンドアベニューのストリートエッジ代替（SEA）ストリート、あるいは、シアトル・グリーン・ファクターのようなデモンストレーション・プロジェクトを用いて、グリーンインフラを実施する新しい政策や方法を紹介するための戦略決定を行った。試みの多くは、これらの初期の簡易的計画から習得したもので、その成果は現在、市内の困難の伴う高度に都市化された地域へ移植されて実践されている。

原動力：脆弱な水域とコミュニティの利益

シアトルがピュージェット湾周辺の他のコミュニティと同様に新しい雨水管理法を定めようとした第一の動機は、全面的な水質の改善や水中生物と川の水路を

シアトル・グリーン・ファクターは、雨水管理利益を備えたランドスケープ機能を要求する。

保全することにあった。

ギンザケは、未だなお太平洋側北西部の様々な川で生き延びているが、シアトルでは絶滅の危機に瀕していて、住民も法の制定者もギンザケについて高い優先度を付けて護るべきものと見なしていた。SPUは、最も脆弱な副流域と川のある地域の公共資源に投資することによって、土壌へ流出水が浸透する実践（汚染された水をろ過浸透で浄化し、地下水の涵養によって水を徐々に湖などへ補充する）を使って需要を管理する方法を取った。シアトルはグリーンインフラ・システムを使用することを選んだが、それは、しばしば公共道路の脇中央分離帯に植栽領域を作ることになる。これは雨水を管理するだけでなく、見てわかるほどにコミュニティの快適性を増加させるものであった。グリーンインフラを推進するシアトル・グリーン・ファクターは最初、商業中心地で発展した。それは、敷地の所有者がある区画の植栽をするに際し、一連の植栽方法（グリーンルーフ、浸透性舗装、壁面緑化などの高度に視覚的で積載重量など加重問題と関連した実践）を30％使用することを実現するよう要求する。シアトルが環境とコミュニティに対してある範囲の利益を強調していることを反映するものであった。

雨水条例

シアトル公益事業局（SPU）は過去５年間、グリーンインフラによる発生源での降雨制御を経て浸水と水質の問題へ対処しつづけ、設備改良と運用プログラム両方の長期的スケジュールを確立するために、市の包括的排水計画を改訂した。シアトルの既存の雨水、勾配、排水制御条例は、グリーンインフラを用いた流量調節と水質処理の指針を提供している。かつてシアトルは、開発者コミュニティからの支持を享受していたことがある。なぜなら州の要求がとても厳しく、人々は規準に応じるためにより安い方向を望んでいた当時、度重なるグレーインフラへの投資回避を経て、シアトルが実践しているグリーンインフラの方がコスト節約をもたらしてくれることがわかったからである。しかし、ワシントン州の生態学局は最近、雨水を現場で管理しそして現場の浸透性を制限する実践の使用を義務づけるために、州のNPDESの許可制度を最新化した。

再開発に関する条例

シアトルは新しい開発と再開発に対処するため、雨水条例とマニュアルの改訂を随時行っている。開発者向けの州全体のマニュアルに応じるために、この最新版は、新しいNPDESフェーズIの許可とワシントン州の生態学局の要求を満たすようになった。新しい条例は、すべての新しい開発と再開発計画に対し、敷地計画の最初の評価としてグリーンインフラの分析を義務づけるものである。代替料という政策は、開発者が流量調節のために雨水拘留用の貯水設備を用いる代わりに料金を払うことで解決とみなすもので、新しい条例の改訂により具体化された。代替料の金額は、本来あるべき設備を正常原価評価方法によって評価し、確定する。SPUは、この料金収入を、主要な資本改良プログラムにグリーンインフラの実践を組み込む場合や、特定流域の復元とサケの遡上する川の保全に対して利用するつもりである。また、SPUは、コンサルティング会社エレーラの支援により、シアトルが次のような雨水管理に対する責任から、新しい政策と素材を作り出すべき重要な段階にあることを認めた。

・発生源制御マニュアル
・雨水と勾配と排水制御条例
・流量調節マニュアル
・雨を賢く使うインセンティブ（優遇措置）プログラム
・国家汚染物質排出防止法（NPDESフェーズI）：すべての狭小敷地開発に対して流量調節要求のような生態的な要件を課すもので、流量調節の技術マニュアルを伴う。

シアトル郊外にあるハイポイント（High Point）地区の再開発事例は、官民問わず、持続可能な設計手法で作られる住宅の建設に対しての格好の指針を提供するものである。ハイポイントの設計は、実績主義の方法を用いることで、クライアントとインフラの利害関係者、両者の需要に応え、かつ、生態学的な機能も役立たせた。最も重要なことは、ハイポイントというモデルが、稠密なアーバンデザインと生態学的性能は本来なら相互に排他的で相いれないもの同士であるというある種の信条に対して真っ向から挑戦状をたたきつけたもので、都市と生態系の両者の均衡を得ようとするものだということである。市の雨水条例とハイポイントの再開発事業は、高品質な生活を維持するためには持続可能な開発が不可欠であるとするシアトルの環境公約を確実なものとさせた。

街路

シアトルは、街路が全面的に不浸透性表面を増加させる原因となっていると認識して、自らの自然排水プログラム（NDS）へ重要なスタッフと資源を集中させている。街路設計に対する革新的なアプローチであるNDSの核となる目標は、水生生物を保護し川の水路を保護し、雨水の流出を遅くして流出量を縮小することによって、水質を改善することである。開発前の水文学のプロセスを模倣する目的で公共の権利道路（ROW）を改修や再開発することによって、SEAストリートやハイポイントのようなプロジェクトは、植物で覆われたシステムに雨水を蓄えて処理するために、近くの街路、屋根その他の不浸透性の表面から雨水を集めている。

スマートレイン（雨を賢く使う）・インセンティブ・プログラム

シアトルの土地面積のほとんどは、水質と流量調節と輸送問題に影響を与える私有地である。住宅地や商業地から流出する雨水は流域のレベルを下げ、下流を氾濫させることになりやすい。そこでSPUは、資本プロジェクトの解決策に投資している。スマートレイン・インセンティブ・プログラムとは、敷地上の雨水流出を管理するように私有地の所有者に対して奨励するクライアント管理プログラムである。

SPUがまとめたところによれば、クライアントたちは、SPUが提供する教育的材料と指針、ワークショップ、共益費のディスカウントなどの低コストで済むインセンティブを通じて、公共のインフラが環境も守るために行っている次のような現場管理の技術方法の取得や見学をしたいと望んでいるそうである。

・雨水樽
・縦樋の分断
・雨の庭™
・石を一杯詰めたトレンチ
・浸透性舗装
・樹木
・堆肥とマルチ

SPUはまた、路傍の雨の庭™のプロジェクトの調査も行い、バラード近隣における雨の庭™と雨水タンクに、住宅地用のインセンティブを提供している。

資本改良プログラム（CIP）計画

シアトルは、SPU の下水排水システムに対する全体評価および管理需要とグリーンインフラの使用との間に、明白な関係を創り上げた。市内の主要な社会資本プロジェクトのほとんどは、別の部局に管理されたものでさえ低影響開発（LID）を組み込むような考慮を含有している。そのため、複合的な利益が増加し、シアトル住民の望む地域環境の質と生活の質は向上の一途をたどっている。

SPU の特定の資産管理方法は、全ライフサイクルコストを考慮しつつ、数十億ドルものインフラの維持管理と代替に投資することによって、クライアントの要望と環境改善事業のレベルを最も低コストで合致させることができる。従来の雨水管理方法は、コストや利益、リスクを容易に算出できるが、植栽のある自然排水設計の場合は、コスト便益分析的能力を予測できない。しかし、それにもかかわらず、SPU は後者によって従来のシステムを取り除くことを熟慮している。資本プロジェクト（CIP）が LID を取り込んだ一例が、アラスカ通りの高架橋計画である。これは、シアトル市街地のウォーターフロントに沿って走る高速道路の改修である。ワシントン州運輸局（WDOT）が、既存の高速道路の構造を新しい計画で置き換える際の責任を負っている。シアトル企画開発局（DPD）は、その高架橋の改修に対してなんの計画もないのにもかかわらず、その数十億ドルの資本改良プロジェクトの一部に LID 機能を含めるために、WDOT と共に仕事をした。また、他の CIP の主要計画の一つにワシントン湖上の520のパーツからなる浮き橋があるが、こちらは10億ドル以上を費やすものである。需要管理が、こうした CIP 計画全体で LID を具体化する秘訣である。DPD のリック・ジョンソンは、LID をこのような CIP 計画に組み込む方法について文書化している。

グリーンインフラ実施の結果

SPU の Web サイトは、「自然排水システム（NDS）の設計に費やしたコストは、縁石、溝、集水溝、アスファルト、歩道などを備えた従来の街路再開発にかかるコストと比べると約10～20％少ない」と述べている。これは、NDS の設置された街路の大部を SPU が「チップとシール材」で改修しており、その地下にはインフラがなかったからである。より発展している市街地では、道路は下水道と組み合わされており、このため、NDSを設置した場合の全コストについては、予測することができない。NDSプロジェクトには、SEAストリート、ブロードビュー・グリーングリッドプロジェクト、110番街のカスケードプロジェクト、パインハースト・グリーングリッドプロジェクト、シアトルの西方に位置するハイポイントプロジェクトなどがある。これらのプロジェクトが成し遂げた重要なことは、道路の中でも権利道路（ROW）にてLIDを実践したことと、道路全体の不浸透性面積を縮小する方法を見出したことであった。これらのプロジェクトの大半はシアトル北部近くに位置するが、その辺りは市の中心部ほど稠密ではない地域である。

こうしたグリーンインフラ実践のデモンストレーションとモニタリングの次の段階は、都心の駐車空間を最小限にするプロジェクトへと拡張し、高密度な都市部でグリーンインフラにおけるグリーンルーフと公有道路の組み合わせで雨水を処理し放出するのを試すことである。

コラム　ハイポイント（High Point）自然排水システム

西シアトルにおけるハイポイント近隣の再開発は、その規模と近隣にロングフェロークリークが流れていたことにより、シアトル公益事業局（SPU）に、広範囲な都市環境で自然排水システムを実装させるユニークなチャンスを提供することになった。これは、シアトルが取り組んできた最大の自然排水プロジェクトであり、これだけの規模の自然排水戦略がシアトルのような高密度な都市環境で使用されたのは初めてのことである。

この自然排水システムは、シアトル住宅公社と協同で設計されており、ロングフェロークリーク流域の約10%を扱っている。自然排水システムとは、雨水のオーバーフローを保持し捕えて、オープンスペースや美しい池、小さな湿地などの機能を使用してこれを自然にろ過浸透させるものである。そこでは様々な方法で自然が模倣されており、その最終結果は、驚くべきものである。竣工後のハイポイントは、森林草原と同様の方法で水を処理する。そのため、地域および全国の他の大規模な開発にとっての例示的なモデルとなっているが、シアトルとSPUは、環境の管理責任を促進し奨励するために、さらに多くの革新的な方法を模索している。

自然排水システム（NDS）の特長と利益は、自然そのものに見える景観を提供しつつ、雨水の地中浸透を促進して地域の生態系を保全することである。

ハイポイント自然排水システム（NDS）は34ブロックにわたるハイポイント地区の再開発の一部で、35番アベニューSWからハイポイントドライブSWとマートルセントSWの付近にある。SWジュノーセントでは、セルフガイドウォーキングツアーがSVRデザイン社によって提供されている。ハイポイントの自然排水システムの第1段階の建設は2005年の秋に完成した。第1段階では、SWジュノーセントとSWモーガンセントで北と南に接し、西と東の35番アベニューSWとハイポイントドライブSWの間の建設が終わった。その後、第2期工事は2009年に竣工する予定であったが、実際に竣工したのは2010年であった。

スタッフォード郡（バージニア州）

バージニア州スタッフォード郡は、首都ワシントンD.C.地域の中心に位置し、2000年から2007年にかけて予測されたとおり30％の人口増加を経験したところである。この急成長している郡は、新規宅地開発や商業地開発によって、道路や駐車場、屋根からの雨水流出が増加するという問題に直面している。スタッフォード郡公共事業局は、国家汚染物質排出防止システム（NPDES）許可に対応する責任を負っている。NPDESは、新規開発地の雨水要件に適応させるためのオプションとして、最初にグリーンインフラあるいは低影響開発へ導入された。任意の規模によるグリーンインフラの実施成功を経験した後、スタッフォード郡は、新規開発全体に実行可能な最大の広さでのグリーンインフラの実践を含めた。郡は、地域の区画条例や街路権利道路の設計基準に対し完全な管轄を持っていないため、ここでは、本来なら行政が法規や規制を更新することによって影響を与えられる不浸透性表面のタイプに限りがある。

原動力

グリーンインフラを開発全体へ組み込もうとするスタッフォード郡の努力は、洪水に対する懸念と水質保全の必要性に動機づけられている。郡は、洪水被害から住居と商業資産を保護することに対して責任を負っている。過去の洪水の発生は、溜まり水、排水溝や道路の冠水など、大量の雨水流出が悪影響を引き起こした。これによりスタッフォード郡は自身の重大な役割とコミュニティにおける雨水流出の影響について認識するところとなり、自然システムの使用を促進する雨

スタッフォード郡ではこの駐車場の例のように、バイオレテンション領域は、地元の雨水要件に沿うように使われる。

水管理と敷地の全体的な排水システムを構造的に支援することを促進させた。加えて、スタッフォード郡の雨水プログラムは、バージニア州の雨水管理規則に適応させなければならず、さらには、郡のフェーズII NPDES許可も満たさなければならない。バージニア州の保全とレクリエーション局は、州や連邦の所有地上での雨水管理方法を制御するが、私有地に関しては、郡を含めた地元に適正な雨水管理プログラムを確立するための選択肢を与えた。街路などの土地利用は不浸透性表面を大量に生み出す元凶であるが、州政府は街路からの雨水流出に対する制御や道路幅員への要求と同様に、分譲地用の条例も制御する。その結果、郡政府は不浸透性の表面積を最小限にして、雨水流出を管理するために自然排水システムを使用することを敷地所有者に推奨したり、求めたりすることに注意を払っている。

政策

スタッフォード郡に類似するコミュニティの多くは、バイオレテンション領域や浸透性舗装などのグリーンインフラの使用のみを推奨したり許可したりしているが、2003年にスタッフォード郡は、地元の開発条例、管理契約、設計・施工指針、公共研究と教育材料などを用いて雨水管理を促進する現地アプローチという方法を義務づけ始めた。この政策のフルセットとでも言うべきやり方は、郡内のグリーンインフラのより多い実施や雨水規則の遵守を確実にさせることを可能にした。スタッフォード郡は、郡の条例の開発を複数の利害関係者と協同で行っている。郡の職員は、地元の保全活動を行う非営利団体「Friends of Rappahannock」と共に働き、よりよい敷地設計のための円卓会議を主催した。後にそれは、雨水条例を更新させる委員会へと発展した。委員会は、いくつかの州の機関―例えばバージニア州輸送局など―を代表する者たちや地元の開発業者、「Friends of Rappahannock」を代表する者たちが参加している。こうした経緯は、新しい雨水条例と2003 年に郡議会によって承認された設計マニュアルとして帰結した。この設計マニュアルには、私有地で低影響開発を用いることに対する要件やすべての新しい分譲地における縁石利用を促進するための規制緩和、低影響開発が郡のランドスケープ要件に合致するのを可能にさせる事項などが含まれている。

バージニア州スタッフォード郡の雨の庭™の例。敷地からの雨水流出を制限し、地中へ浸水させる。

グリーンインフラ実施の結果

スタッフォード郡では、雨水要求に応じる現場管理の第一の方法として、開発者のほぼ95％が雨の庭™などのバイオレテンションを使用していることがわかった。このように一つの実践だけが広範囲に使用されているということは、バイオレテンションの設計が他の方法よりも不浸透性表面を管理する要求に合致し、技術的にも正当化するのがより簡単であるという事実を示している。

スタッフォード郡における住宅所有者はさらに、既存の庭に雨の庭™を組み込んだ改修を行っている。スタッフォードにおける様々な住宅は1つから3つの区画を所有し、屋根や車道、歩道からの流出を管理するための雨の庭™を容易に設計や実施することができるような環境を整えた。2004年には、不浸透性表面からの流出水を管理するためにバイオレテンションなどを含む改修を、スタッフォード郡行政センターの駐車場で実施した。その改修は、水質処理の方法を追加することで、開発者と市民にとって重要な公的資金が提供された雨水管理デモンストレーションガーデンとなった。

サンノゼ（カリフォルニア州）

サンノゼは、シリコン・バレーのサンフランシスコ湾の南に位置するカリフォルニア州第3の都市であり、全米で10番目に大きな都市である。かつては小農業コミュニティだったサンノゼは、1950年代から1970代の自動車指向の急速な開発を経験し、今日では人口100万以上の都市へと成長した。サンノゼの雨水管理とグリーンインフラに対するアプローチは、大部分が連邦政府と州の規則によって駆動されるものである。また、サンノゼは、サンノゼとその近隣都市を加えた地域に対してカリフォルニアが発行する都市の地域雨水許可の要求に応じるために、開発のプロセス、性能基準の定量化、植物と浸透に基づいた雨水管理の促進に、雨水設計の初期統合を含める包括的な雨水プログラムを開発した。このプログラムは、賢い成長（スマートグロース）という目標をその中に統合した独特のものである。サンノゼは、よりコンパクトで移動指向の開発を追求する。それは、この雨水プログラムを賢い成長計画に適応させながら促進するためである。

規制的な原動力

カリフォルニア地域水質規制委員会（RWQCB）は、カリフォルニア州の自治体へ雨水許可証を発行して管理する団体である。サンノゼとその近隣の77の都市を加えたサンフランシスコ地域へRWQCBによって出される雨水許可は、水質の損傷原因を解明することに特に進歩的である。サンノゼの地域雨水許可は、定量的性能基準を伴う質的要件を補足し、開発者にとって著しい柔軟性を与える一方で、水質を保護する開発を保証する。サンノゼでは、新規開発あるいは再開発事業にかかわらず、1万平方フィートを超える不浸透性表面を作り出す計画はすべて、より多くの量的数値寸法決定基準で補われ、低影響開発（LID）の要求に応じることが義務づけられている。この量に基づいた基準では、85パーセルタイル（全体の下から数えて85％の範囲以下に位置すること）の 24時間降雨事象を集めることのできる雨水管理か、あるいは、年次流出量の80％を捕らえることのできる雨水管理が要求される。流出に基づいた基準は、一定の流量を処理することを雨水管理に対して義務づけている。これらの基準は、環境を構築する際に至る所で発生する表面流出水の管理を義務づけるもので、建築物と道路計画の両方に適用されるものである

敷地計画・降雨発生源制御・処理管理

サンノゼは、開発プロセスに初期の雨水計画の統合を義務づける政策をとっている連邦政府と州の法規の枠組みに頼っており、植物と浸透に基づいた雨水管理の方法を促進している。サンノゼは、ある計画が雨水の流出率や流出量に及ぼす影響は、敷地設計と勾配計画によって決定づけられることが多いと認め、都市雨水流出管理政策を開発した。これは、設計プロセスの初期に性能基準を遵守するよう、開発者に義務づけたものである。

開発の申請が許可されるに当たっては、新規開発事業も再開発事業もすべて「市町村（地方自治体）地域雨水許可」に定義された不浸透性表面のしきい値を満たすような雨水規制案を提出しなければならない。そしてこの雨水規制案では、適正な性能基準を満たすような敷地設計や源制御、処理管理をどのようにして統合するかを示さなければならない。サンノゼ企画局は、開発の申請に許可を出す前に調査し、その建設が規制に準拠していることを確認し、さらに、是認された計画を調査する。開発者は、雨水流出の生成を縮小するために不浸透性表面を最小限にすること、植栽された低湿地やバイオフィルタあるいは他のランドスケープ装置を使った浸透機能で、雨水の表面流出水を処理することなどを奨励される。こうした方法はその環境性能だけでなく、コスト効率の良さや維持管理の手間の少なさも与えてくれるので推奨される。都市流出管理政策（URMP）はまた、植林を促進するなどのユニークな条項を含有している。その政策は、不浸透性表面から30フィートの範囲内に新しく樹木を植えた場合、後建築処理抑制措置として賞を受け取ることができることと示している。

スマートグロースとの統合

サンノゼは、グリーンインフラとスマートグロースを相互補足的なものとみなしている。スマートグロース政策は、既設の建築物やインフラと未開拓地の保全に対して直接的に開発を導入するが、これはグリーンインフラの水質的目的を前進させることができる。また、グリーンインフラ政策は、都市の樹木や植物を増加させることで住みやすいコミュニティを作ることによって、スマートグロースの目的であるコミュニティの再生を前進させることができる。サンノゼは、スマートグロースの計画を不浸透性表面が高密度な地域に適合させるために、自らの雨水流出管理要求に対して、スマートグロースのクレジットを提供する。サンノゼ

カリフォルニア州サンノゼにあるグアダールペリバー公園は、密集した市街地の再開発地の傍にあり、グリーンインフラ・システムとして機能している。

のスマートグロースの計画は市職員の判断で、敷地内で流出水を処理することのできる「水質恩恵計画」と呼ばれることもあるが、これは地域や敷地外で流出水を処理することは求められない。

グリーンインフラ実施の結果

開発者は多種多様な革新的雨水管理技術を用いて、サンノゼの都市流出管理要求へ応えている。おそらくサンノゼの雨水管理政策の最も効果的な要素は、新規開発と再開発に対して不浸透性表面積1万平方フィートというしきい値を設けたことである。不浸透性表面の領域が1万平方フィート以下になる計画の場合はサンノゼの都市流出管理要求から免除されているため、開発者は次のような不浸透性表面を縮小する独創的な方向を見つけた。それは、狭い道、私道との共有、植物で覆われた低湿地、浸透性舗装などである。サンノゼ企画局の職員は通常、年間300以上のグリーンインフラの計画を調査するが、これらの計画のほぼ90％が、その計画が生み出す不浸透性表面の総面積を1万平方フィートのしきい値より下に縮小することができると評価している。また、サンノゼの雨水政策は、都市緑地の拡張を促進するもので、多くの計画が樹木に関するクレジットを適用しており、それには新しい樹木を植えることや樹冠を拡張することなどが含まれる。このようなインセンティブは、サンノゼの既開発地の密集度を増加させてしまいがちだと思われているが、近隣地区では、グリーンインフラ実践による恩恵が増しているのが事実である。

サンタモニカ（カリフォルニア州）

カリフォルニア州のサンタモニカは、一方をサンタモニカ湾に位置し、残りの三方をロサンゼルス市に囲まれている市である。サンタモニカは海辺に近い場所にあり経済とコミュニティの中心であるため、水質は推して知るべしと言える。2008年には約８万７千人の人口がわずか８平方マイルの土地に住んでおり、サンタモニカは非常に高密度な都市である。その地で、乾燥した天候の下の洗車から流れ出る雨水ややり過ぎた灌水、雨が降らない気候の下で起こる硬質舗装面からの雨水の表面流出、つまり、不浸透性表面からの雨水流出を管理しなければならない。サンタモニカは、乾燥した天候と雨天時の両方の状態において雨水管理をするために、浸透性舗装、水を賢く与えるランドスケープ、雨水集水などのグリーンインフラの装置をいくつか利用している。また、サンタモニカは、規則、インセンティブ、街路や公園および私有地にグリーンインフラを統合することの意義を学ぶ学校教育キャンペーンなどの施策を促進のために用いている。サンタモニカのグリーンインフラ事業は、持続可能な都市計画にサポートされているが、それは、敷地上での雨水管理と飲用水の使用を制限する雨水管理実践に対する枠組みを提供している。

原動力：海岸と水質の保護

サンタモニカは沿岸のコミュニティとして毎日、人口の2倍の観光客と労働者を受け入れている。都市から流出して海岸と近くの水域に流れ込む雨水は、その水域に汚染物質をもたらす最大の要因であり、サンタモニカのような海岸に沿って発達してきたコミュニティの経済的生産能力と快適性を脅かすものとなる。市の持続可能性と環境局は次のことを明示する。「湾が清浄になればなるほど、海洋生態系は健全なものとなり、住民の生活も改善されて向上する。そして観光客にとってもビジネス客にとっても、サンタモニカの魅力を増加させる」。サンタ

この商業地には、不浸透性地表面からの流出を生物ろ過するために駐車場の一角に低湿地が設けられている。

モニカは、EPAの国家汚染物質排出防止システムと廃棄物と細菌の全最大1日負荷を規定する責任に応えて、サンタモニカ湾の水質を保全し改善するために、2006年に流域管理計画を採用した。計画は、生態系機能を備えた都市の土地利用の均衡を図るために、以下の優先度を整えるものである。

1. 都市の雨水汚染を減らす
2. 都市の浸水を減らす
3. 水保全を増加させる
4. レクリエーションの機会とオープンスペースを増加させる
5. 野生生物と海洋生物の生息地を増加させる

政策

サンタモニカは、雨水管理条例と雨水料金、リベートプログラムと資本改良計画を使って、自らが定めた流域管理目標を達成する。

雨水管理条例

サンタモニカの雨水管理条例は、敷地から排出される汚染物質の濃度を下げるために、既存の敷地と新設の敷地に対して、水質指針を提供する。それは、すべての新規開発と敷地の改修の際に、不浸透性の地表面を流れ去る初期の0.75インチ降雨を管理することを一律に義務づけるもので、その量は1年の豪雨事象のおよそ80％に当たる。市は空間の制約、地盤種別、地下水汚染関連などに基づいて諸認可について不可能だと判断することはないが、指針を満たさない場合には開発者に適正な緩和料を払うことを義務づける。そして、この代替料とでも言うべきコストは、よりよく市の雨水を管理するために建設される街路や公園、その他敷地の改修を設定した大都市計画へ資金を提供する際に利用される。

雨水料

サンタモニカには、雨水受益者負担金と清浄な海岸と海のための一群税という２つの雨水管理に関連する税金がある。これらは流域管理プログラムの実施と、連邦政府や州の水質汚染防止法の遵守を支援するために利用される。すべての敷地の所有者によって毎年払われ、財産税を通じて評価される。2009年と2010年には、年間390万ドルもの税収があった。

リベートプログラム

サンタモニカは、私有地の所有者が雨水集水を促進できるように４つのリベート（金銭的優遇措置）を提供している。

1. 雨樋の縦樋を雨水管から分断したことに対するリベートは、浸透性の地表面または（および）植栽された場所へと縦樋からの雨水を導くことに限定して、１本当たり最高で40ドルまで提供する。１つの敷地にあるすべての縦樋は、40ドルのリベートの資格を得ることができるが、労務費と材料費の両方をまかなうことがこのリベートの目的である。
2. 雨水樽に対してのリベートは、199ガロン以内の容量の物１個につき100ドルを敷地所有者へ提供し、計画と労働と素材のコストをまかなう。
3. 小規模な貯水タンクに対するリベートは、200～499ガロンの容量のタンク１つ当たり250ドルまでとし、計画と労務費と材料費をまかなう。

サンタモニカは、雨水の集水と再利用にリベートを出すことで、海岸へと達する都市からの汚染された雨水流出を減らすことを試みている。

4．大規模な貯水タンクに対するリベートは、500ガロン以上の容量を持った貯水タンク１つ当たり500ドルまでとし、計画と労務費と材料費をまかなう。

資本改良計画と街路

サンタモニカの流域管理計画は、計画と地域開発局、オープンスペース管理局、住宅と再開発局などの諸機関とのパートナーシップを資本設備改良計画上で明確に要求している。サンタモニカは比較的小都市であり、設備改良計画全体にグリーンインフラを具体化することは、計画を再調査し、推薦し、その後に検査を実施する市の雨水管理者との協同と同じくらい単純なものである。

市は、浸透性舗装とバイオフィルタを実装するために、ビックネル通りを始めとするいくつかの既存の街路と駐車場の改修を行った。全面的な街路幅員を16フィートまで縮小し、街路から流出する雨水を浸透させるために浸透性舗装で駐車車線を舗装した。さらに再設計では、車道からの雨水を管理するべく街路の一方の側に、幅12フィートのバイオフィルタ低湿地の設置を要求することになった。

エメリーヴィル（カリフォルニア州）

カリフォルニア州エメリーヴィルは、衰退する工業都市から活気に満ちた混合利用都市へと変貌した。市はグリーンインフラ政策の革新的なセットを介して、環境と経済の持続可能性を追求している。

エメリーヴィルは、サンフランシスコ湾、オークランドとバークレーとの間に位置する旧工業拠点であったが、この業界が1960年代に市を去ると、その後のエメリーヴィルは、積極的なブラウンフィールド（工業汚染地）再開発プログラムが開始される1990年代まで、工業汚染地という遺産と戦うことを余儀なくさ

グリーンインフラ機能を持つカリフォルニア州エメリーヴィルの高密度建物である。建物は、都市の限られた開発可能な土地を活用するために建てられた。

れた。ブラウンフィールド再開発プログラムは大成功をおさめ、この1.2平方マイルの都市に何千人もの新しい住民が流入する結果となった。しかし、この初期の事業は、再開発の環境や社会への影響を鑑みることを怠ったものであった。駐車場や舗装によって汚染された土壌に「蓋を被せること」を強調するのみで、水質や生活の質の追求を疎かにし、歩行者のアクセスを損なうほど大面積の不浸透性が続く景観を創り出してしまった。2004年にエメリーヴィルは、ブラウンフィールド再開発の持続可能な解決策を開発するために、EPAからスマートグロース助成金を受けとり、エメリーヴィルの固有な状況に適応した雨水政策と指針の包括的なセットを作り出した。この政策は、グリーンインフラと開発可能な土地の限られた供給の両方から得られる利益を認識し、環境の構築に際し敷地規模でグリーンインフラの統合を推進するものである。エメリーヴィルのグリーンインフラの経験は、グリーンインフラ・アプローチの多様性を示し、緻密性と緑を備えた再開発に興味を抱く他の都市へ、有益な教訓を提供するものである。

原動力：規制と開発制限のある土地

雨水管理に対するエメリーヴィルのアプローチは主に、水質汚染防止法に関連する規制要件と、市の開発可能な土地の限られた供給とによって形作られた。2006年８月15日に国家汚染物質排出除去システムが始まると、サンフランシスコ地域の水質管理委員会は、１万平方フィート以上の不浸透性被覆を創り出すすべてのプロジェクトに対して、建設後の雨水制御も敷地内で行うことを条件に、エメリーヴィルに雨水許可証を発行した。エメリーヴィルの開発可能な土地は限りある供給だが、それに関連する緑と歩行者に優しい空間も欠如していると言われたことで、市はグリーンインフラ・ネットワークを拡大することによって、この要件に対処することを選んだ。

政策

エメリーヴィルは、新規開発をグリーンインフラによる雨水を管理するために必要なものとしてとらえ、市のユニークな状況に合わせた詳細設計の指針を提供する。エメリーヴィルは2007年、包括的なグリーンインフラ条項を市の法規へ導入した。この条項は、雨水管理システムへのグリーンインフラの統合を促進することを要求する。すなわち、①不浸透性領域を最小限にし、②植生的な雨水処理を含む、の２点である。

エメリーヴィルのグリーンインフラ条項は、設計から維持管理、保守点検まで、雨水処理システム全体の寿命に対応する。設計条項は、すべての開発者に市の「グリーンで高密度な再開発に対する雨水指針」の遵守を求めており、許可条項は、１万平方フィート以上の敷地の開発者に対して、運用と維持管理に関する同意書にサインを求めている。要件と指針および許可からなるこのシステムは、開発者にプロジェクト全体の計画と運用から逸脱しないようグリーンインフラの設計やメンテナンスを対処させることを義務づけるものである。

エメリーヴィルの地下水位が高いことや、稠密な開発形態、圧密され汚染された土壌は、グリーンインフラを試みる際の重大な障壁となる。雨水の地中浸透の機会はしばしば市によって制限されている。なぜなら、汚染土壌での浸透は地下水に危険性をもたらすことがあるからである。

エメリーヴィルは、市固有の制約に適応したグリーンインフラ・システムを推進するために、「グリーンで高密度な再開発に対する雨水指針」を開発して発表した。この指針は、次の２つの一般戦略に分けられた一連のグリーンインフラの選択肢を開発者に提供する。

・流出を削減する革新的な駐車場という解決策
・流出を管理し処理する革新的な雨水管理

指針にもある統合的な駐車場戦略は、コミュニティの求めに応じて駐車空間の数を減らすことによって、駐車場地面からの雨水の流出を縮小する。この戦略には、価格設定、交通需要尺度、駐車に関する詳細情報と誘導システムなどが含まれる。革新的な雨水管理は、空間の制約と地下水の質の保全に適応する一方で、浸透、蒸発散、さらには集水、雨水利用などが含まれる。この２つの運用形態は、グリーンルーフから浸透性舗装まで様々な形があるが、どれも次の２、３の一般原則に従っている。

第１に、多くの雨水管理は、装飾ではなく雨水処理システムの構成要素として役立つように設計された植栽あるいはランドスケープ領域から成る。第２に、雨水管理はすべて稠密な市の都市のモザイクへと嵌めこまれる。最後に、暗渠から下水道へと接続される浸透によって地下水が汚染される危険性を減らす雨水管理を行う。市の指針は、開発者がグリーンインフラの大きさを決定する際に役立つ数値寸法決定方法などを含んでいる。

グリーンインフラ実施の結果

ニメリーヴィルのグリーンインフラ政策は比較的新しいが、実施はうまく進んだ。これまでのところ少なくとも10のプロジェクトが指針を組み込んだ。その中には雨水を捕まえて処理するために演壇のようなところに植物を植えたグラスハウス（Glasshouse）開発や、グリーンシティロフト、敷地内の灌水に雨水を再利用する62棟の開発などが含まれている。これまでの経験では、開発者の抵抗が低く、追加コストが最小限であることが実証されている。雨水処理対策が計

図15　オフィスタワーと駐車場のプロジェクトはマルチレベルまたは積層の駐車場建設により不浸透性領域を減らす。これはエメリーヴィルの「グリーンで高密度な再開発に対応する雨水指針」に準拠している。

画プロセスの早い段階で解決されている場合、そのプロジェクトは簡単に空間需要を統合することができ、運用コストの削減さえ達成することができる。グリーンインフラは雨水処理の他にも、多くの利益を提供する。道路、駐車場、風景や建物にグリーンインフラを組み込むことは、多くの歩行者に優しい空間、落ち着いた交通を創り出し、大気の質を改善し、都市のヒートアイランド効果を軽減し、生物生息地を創り出し、エネルギー効率を向上させる。浸透性舗装、自生植物の植え付けその他、グリーンインフラ実践が新築する際の標準機能になるにつれて、エメリーヴィルは、都市の居住性を向上させて経済的再生を維持することをグリーンインフラ・システムに期待するようになった。

雨水管理必要条件

敷地設計や源管理の方法、透水性の表面の最大化、ランドスケープを用いた処理。竣工後の品質は、建設前の基準を満たしている必要がある。不浸透性表面の創出または代替量を報告すること。

アラチュア郡（フロリダ州）

ゲインズヴィル市とフロリダ大学の本拠地であるアラチュア郡は、フロリダ州北部中央の平坦な中央高地に位置する。水はアラチュア郡にとって著しく見なれたものであるが重要な資源である。というのも、雨は年間を通じて十分な雨量を誇るが、下水溝や20を超える川と小川を経て、湖、湿原、サンタフェ川へと流れ込んでしまうからだ。これらの水域は生息地に多様な生物相を与え、多種多様なレクリエーションの機会を提供する。また、観光客と住民双方の経済活動を刺激してくれる。この表層水の若干はビスケイン帯水層（フロリダ帯水層）―フロリダの飲料水の90％を供給する幅広い地下貯蓄ダムでありアラチュア郡の飲料水のすべてをまかなう水源―を涵養している。

アラチュア郡は、ゲインズヴィル市とフロリダ大学の外側はほぼ田園が広がる地域である。そしてその人口増加は、郡の土地と水資源への圧力を増加させ続けている。アラチュア郡は、脆弱な自然資源を保全するために、規制と土地買収とグリーンインフラを促進する情報戦略をセットで開発した。アラチュア郡は、グリーンインフラに対してシステム的なアプローチをとり、陸、水、生息地、生活の質の間の相互連結を認めた。郡は、雨水管理以上の複合利益を同定することに

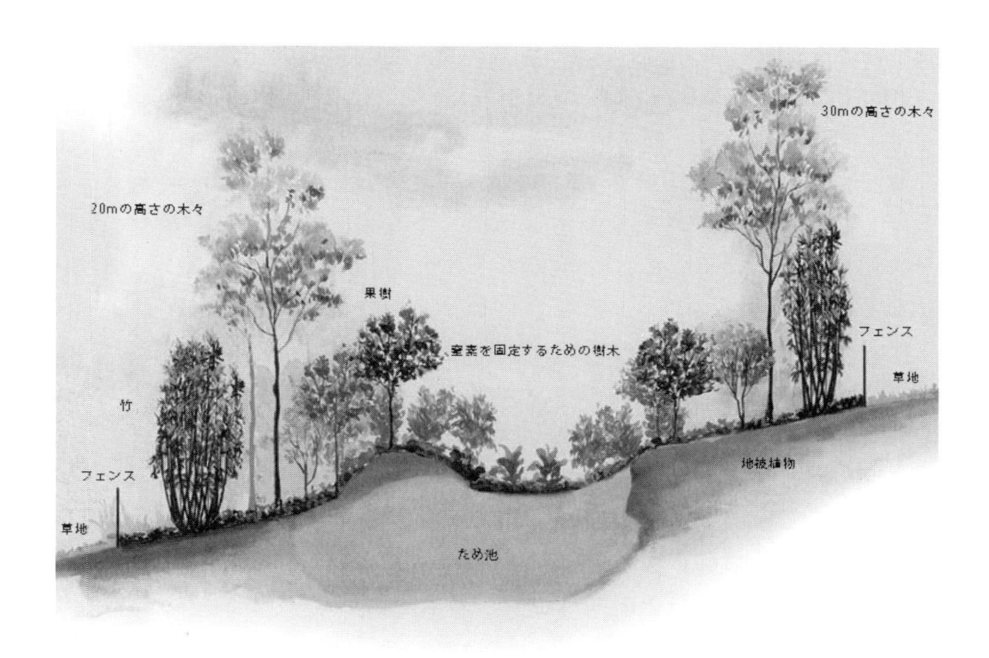

図16　マデラは、分散化された雨水管理を達成し成木を保護する40エーカーの近隣地区開発である。開発者である Green Trust LLC は、新しい滞留池を築く代わりに既存の樹木で覆われたため池を利用することによって、雨水関連コスト４万ドルを節約した。

よって、グリーンインフラ活動への幅広い支持を引き寄せた。郡の政治体構造は、協同作業と実行管理と住民参画を促進する。この構造は、グリーンインフラ・プログラムが住民の優先度に応えることを可能にし、その継続的な支持を促進した。

原動力

アラチュア郡のグリーンインフラ・プログラムは、大部分は人口の増加による開発圧力に応えて発展したものである。既存の開発は、洪水、河道侵食や水質悪化などの表層水や生物生息地、レクリエーション活動に対して、多くの影響を発生させた。郡の表層水は、その地下水供給と連結している。表層水の劣化は、郡の飲料水に影響を与えることになる。郡政府は、もし郡の人口と開発が増加し続けるならば、将来世代のために土地と水資源を保護しなければならないことを認めた。

規制戦略

2005年と2006年に採決されたアラチュア郡総合計画と土地開発法は、グリーンインフラを複数規模で促進するための規則の包括的なセットである。一連の開発要件は、敷地と近隣規模でのグリーンインフラを促進する。25ユニットかそれ以上の開発は、オープンスペースの少なくとも50%を維持するユニットをクラスターになるようにすることが必須な一方で、開発はすべて自然地域と樹木を維持するように要求される。開発者は、流れに沿った75フートのバッファー、郡によって確認される「戦略的な生態系」を50%、既存樹木による樹冠を20%それぞれ維持しなければならない。土地開発法は、不浸透性の被覆を縮小するために最小舗装幅基準を設定し、住区内道路に対して18～22フィートと従来よりも幅員を減らし、共有の駐車場を推奨し、スピルオーバーや駐車車線に対しては浸透性舗装の使用を許可した。総合計画と土地開発法は、包括的な雨水管理プログラムを義務づける規則も含んでいる。郡は、郡の雨水管理システムの性能を改善するために、資本改良プログラムにおける雨水管理実践の財産目録を作成し、保守要件の追跡と維持管理活動のスケジュール化を保持することを求めた。計画と法はまた、資金調達と管理にも取り組む。郡は、その雨水管理プログラムのために専門の財源を生み出すことが必要であり、公共事業部がプログラムの処理に責任を負っている。

土地買収戦略

アラチュア郡の土地買収戦略は、郡の地域規模のグリーンインフラを拡張する際の規則戦略を補完する。アラチュア郡土地買収戦略は、市民と土地所有者からの広い支持を受けている。有権者は2000年11月に圧倒的多数の賛成によって、土地買収の専門財源を創設するための財産税によって集められた2900万ドルの使用を承認した。

この「アラチュア郡よ永遠なれ（Alachua County Forever)」と呼ばれる資金は、公衆が指定したオープンスペースを保全するために、土地に関連のある販売、寄付金、献身を含む任意の土地の獲得手法を使用する。有権者は、野生生物の住む空間を公共の場所と認定する国民投票の可決に伴い、2008年の国土保全に対してもこの関与を再断言した。国土保全とレクリエーション的改善の資金を提供するための国民投票は、２年間にわたって1.5セントの売上税を確立した。

情報戦略

アラチュア郡の情報戦略には、指標追跡、情報共有、教育、支援活動、政府間の調整などがある。アラチュア郡は、自分たちの作った規制と土地買収戦略の成功を追跡し共有することによって、そのプログラムに対する自信を深め、市民参加を増やし、その資源保護事業への長期的な支持を確かなものとさせた。

グリーンインフラ実施の結果

アラチュア郡の開発記録、建設された環境、オープンスペース・ネットワークは、郡の政策の成功を証明するものである。2006年４月〜2009年９月にかけて郡によって調査され承認された開発は、オープンスペースの31％、樹木のキャノピーの67％、高台の生息地の27％、戦略的な生態系の59％と湿地の100％を保護した。アラチュア郡マデラ分譲住宅は、郡の開発規則が促進できるグリーンインフラ実践の敷地規模と近隣規模での実例である。既存の植物を維持する目的

フロリダ州アラチュア地域に広がる低湿地である。この低湿地は、近くの市街地からの雨水流出を管理するために湿地に変えられた旧産業跡地である。池は草で囲まれている。この向こうには森林がある。

グリーンインフラは通常、駐車区画を横断するように設けられる。舗装表面を流出した雨水がグリーンインフラに流れ込み、浸透し、浄化される。ここでに周囲の自然領域との調和を壊さないことも配慮した植物の選択がなされている。

で敷地計画をするに際し、開発者は成木を残すだけでなく、土壌圧縮を縮小した。浸透は、在来種による景観の美化や狭い路地を作ることに伴って促進され、各袋小路にはバイオレテンション地域が押しこまれた。アラチュア郡の土地買収プログラムは、10年の間オープンスペースの印象的なネットワークを保全している。助成金である「アラチュア郡よ永遠なれ」ファンドは、8100万ドル以上の価値を持つ1万8000エーカー以上の土地を保全している。今日のアラチュアは、郡のあらゆる象限に自然保護区を持っているが、その90%は一般に開放されている。この中には、都市緑地以外の大きく連結された所有地も含まれている。アラチュア郡は、一定の市街化を経て来た他の似たような田園環境をもつ郡にとって、有益な例を提供する。郡は、郡内の土地と水資源を維持する施策を初期に講ずることで、次世代のオープンスペースや清浄な水、多様な生態系などの継続的な利用を確かなものとした。

雨水管理必要条件

垂直構造と代替駐車場の地表面を通じて不浸透性表面を削減することで、総敷地面積に対する雨水施設面積の割合を制定する。雨水管理設備設は敷地境界を利用して、既存の自然機能への影響を最小限に抑える必要がある。また、水質の劣化防止要件がある。

参考文献

(113) Chicago Green Urban Design website and documents:
http://www.cityofchicago.org/content/dam/city/depts/zlup/Sustainable_Development/Publications/Green_Urban_Design/GUD_booklet.pdf; http://greeningthecity.wordpress.com/chicagos-green-renaissance/;
http://www.cityofchicago.org/city/en/depts/zlup/supp_info/green_urban_design.html

(114) Natural Security website: Portland, Oregon: Integrating Gray and Green Infrastructure.

(115) Haan Fawn Chau, Green Infrastructure for Los Angeles (April 2009)

(116) House Committee on Transportation and Infrastructure, Hearing, February 2009 117CNT Multiple Benefits (April 2010)

(117) CNT Multiple Benefits (April 2010)

(118) Rooftops to Rivers (2006) NRDC, Milwaukee Case

(119) American Rivers and 13 Milwaukee Groups Receive $3.7 Million in Green Infrastructure Grants (May 10, 2010)

(120) Robert S. Raucher, "A Triple Bottom Line Assessment of Traditional and Green Infrastructure Options for Controlling CSO Events in Philadelphia's Watersheds Final Report," Stratus Consulting, August 24, 2009; Table S.2.

(121) EPA Managing Wet Weather with Green Infrastructure website: Philadelphia Case
<http://cfpub.epa.gov/npdes/greeninfrastructure/gicasestudies_specific.cfm?case_id=62>

第6章
まとめ

先に証明されたように、建物に近接して配置された樹木は、エネルギーの節約量に影響を与える。あるいは、グリーンルーフの生育培地の深さはその保水容量に影響を与える。このため、局所固有の条件は、規定の計画から生み出された利益をより正確に計算しようとするならば、各利益分析に対して可能な限り考慮されるべきである。

空間的スケーリングと限界値

大規模ではないグリーンインフラの整備プログラムとその性能を分析する研究では、小さい敷地のデータをスケールアップすることによって、コミュニティ全

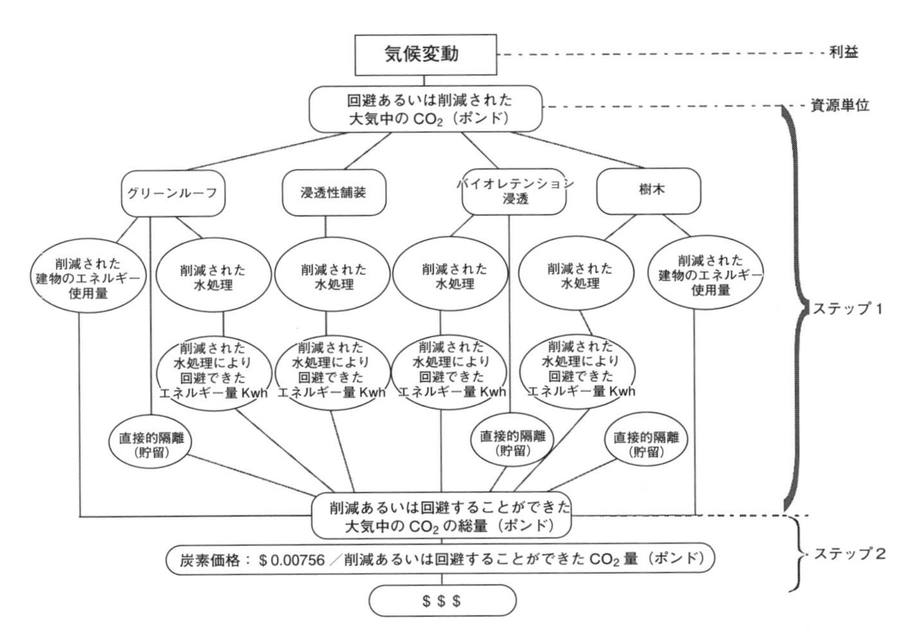

図17　グリーンインフラが気候変動から受ける利益

体規模のプログラムから潜在的な利益を見積もることができるかどうかは不確実である。言いかえれば、特定の実践による利益は、計画の規模と直線的に関係することも、しないこともあるのだ。

また、グリーンインフラは「経済の規模」という概念がシンプルに機能する可能性がある。これは、ある実践を小さな区域一帯で実践するよりも、大規模な地域で行う方がより大きな効果があるということである。事実、グリーンインフラの実践は、ある一定規模の実践を達成した後にのみ、最大利益を提供する。例えば、人工的に作られた湿地による水質の改善は、小規模な「雨の庭™」による水質の改善よりも、著しく大きくなる。もう1つ、空間スケーリング内で重要な考慮事項に生態学的閾値の概念がある。それは、生態系に急激な変化が起きる場所である。または、環境的駆動体における小さな変化が、生態系において大きな反応を引き起こす場所である。例えば、グリーンインフラ実践に起因するヒートアイランド効果の軽減利益は、いまだ知られていないレベルの増分的な空間実装を達成することがある。森は重要な冷却利益を持つがその一方で、市街地にある少ない本数の樹木から生じる影響は無視できることがあるのもそのためである。

運営と維持管理

従来の雨水管理を持つ場合、グリーンインフラは最大の利益を実現するために定期的な維持管理に依存する。グリーンインフラを実践する際、使われる樹木や植物のライフサイクルを考慮することは重要である。さらに、広範囲にわたってグリーンインフラの実践を試みる時には、既定の実践から得られた完全な利益の達成に関与する維持管理総計の理解が非常に重要となる。グリーンインフラがもたらす利益のうちの多くは定期的なメンテナンスに依存する。例えば、誰かが正しく日常的にそれを維持する限り、グリーンインフラの植栽は、炭素を隔離し続けるだろう。炭素固定によって得られる利益が維持されることになる。

資本集約型のグリーンインフラの場合、実践の存続期間を延ばして最大の利益達成をしようとするならば、時を経ても（最適性能のための浸透性舗装の定期洗浄など）定期的なメンテナンスや修理が必要である。しかし、従来のグレーインフラも同様に、定期補修を必要とする。完全なライフサイクル分析は、従来型の事業から維持管理コストを評価しなければならない。それは周期的に資本集約型投資を自身に求めるものである

事例から見る最終結論：グリーンインフラの評価と総括

米国全体で、グリーンインフラが社会に提供する価値はどのようなものであるのか認識しようという意識の高まりがある。多くの地方自治体が付加的なグリーンインフラの利益を認識し、グリーンインフラ実践を都市計画や開発や改修に組み入れることが始まっている。そのグリーンインフラ実践がもたらす利益について表10にまとめた。

本書は、グリーンインフラの価値を理解し、それを適切な場所に設置することを許可したり、推奨したりする地域固有の政策とプログラムを作り出すことを望む地方自治体への政策手引きとして役に立つように意図し、編纂したものである。革新的な雨水規則と地方自治体に焦点を当てているが、コミュニティ全体で実施されるグリーンインフラ政策の種類とその幅を考察する本でもある。地域でグリーンインフラ・プログラムを実施する方法について、事例研究から導かれた有益な教訓を述べている。

表10　グリーンインフラの種類別利益

利益	種別
環境利益	・炭素の隔離（固定） ・大気質の改善 ・レクリエーションスペースの増加 ・効率的な土地利用 ・人間の健康改善 ・洪水防止 ・飲料水の水源保全 ・地下水の涵養 ・流域の健全性を取り戻す ・野生生物生息地の保全 ・下水道からのオーバーフロー削減 ・減損する水量の回復 ・表面流出水を湖や河川の規制に合致させる（水質浄化）
経済利益	・ハードな（従来の）インフラの建設コストの削減 ・年月の経ったインフラの維持 ・土地の価値の上昇 ・経済発展の奨励 ・エネルギー消費と価格の削減 ・ライフサイクルコストの節約を推進
社会利益	・都市の緑道の整備 ・歩道と自転車用道を提供 ・都市の居住性と緑空間を増強する魅力的なストリートスケープ ・雨水管理における市民の役割を学ぶ機会の提供 ・都市のヒートアイランド効果の軽減

共通の原動力および規制の枠組み

グリーンインフラの政策は、連邦水質汚染防止法の要件を満たすと同時に、地方の意思決定者のための効率的な政策オプションであり、地方自治体の複数の目標を達成することができる。事例研究に出て来るコミュニティは、連邦規制ができたからグリーンインフラ・プログラムを構築したのではない。これらの自治体は、水質汚染防止法の要件と自らの目標が重複していると識別した上で、その重複した目標が動機となって、水質以外の社会利益や経済利益、環境利益のために、進んでグリーンインフラへの投資を行っている。

地方自治体の部局でグリーンインフラを使用することができる部局は、次の業務を取り仕切る部局である。

- 交通計画
- 経済開発
- 住宅
- 公園とレクリエーション
- 水衛生と福祉サービス
- 公共事業

グリーンインフラは、環境利益、経済利益、人間の健康上の利益など様々な利益に関連付けられている。その詳細については前の頁の表10で述べた。ほとんどの自治体の事例は、グリーンインフラが目標を達成し、より持続可能なプログラムや政策へ変換される広範な政策と公的支援を実現することを示している。事例研究では、グリーンインフラの複数の利益について概説し、コミュニティが地域のグリーンインフラ政策やプログラムを進める動機として、この利益を用いている例を説明した。

米国におけるCSOsとMS4要件

国家水質汚染防止法の要件、合流式下水道からのオーバーフロー（CSOs）制御政策、国家汚染物質排出防止システム（NPDES）許可プログラムなどは、最終的なことを言えば地方レベルで実践されなければならないプログラムである。多くの自治体は、従来の実践が求める雨天時のフローや要件の執行を管理するのにグリーンインフラを用いており、EPA の指針との間に大きな矛盾を抱えている。しかし、地方自治体は、EPA の水質基準を遵守するために革新的な解決策を推進しているのだと主張する。また、彼らは、よりよい指針となって最終的に彼らの投資が生きる確信が持てるような規制基準がなくては、グリーンインフラ・プロジェクトへの資金の再配分は困難であると認識している。公共事業における投資は主に原動力に準拠するが、流域ベースまたは分散型の性能を実証しても、クレジットを受けとるのに必要なデータを持たない可能性のあるグリーンインフラによる解決策を、その実践データの収集方法や長期的な性能を示すのにかかる時間の使い道も制限されている地方の政策立案者が､無理に行う必要はない。

EPA とそのパートナーは、グリーンインフラによる行動戦略を通じて、こうした事例研究のギャップに取り組んだときの利益を定量化し、より多くの経験的データを収集するプロトコルを開発しようとしている。この努力は、許可制度や法規の施行および長期管理計画（LTCPs）に複数の規制予測可能性を理想的に提供し、グリーンインフラの明示的な含有を支持するものである。

歴史のある都市は合流式下水道からの CSOs 問題に対して、適正費用で EPA の CSOs 制御政策の要件を満たす解決策を探している。フィラデルフィアなどのいくつかの都市は、遵守要求に応じてグリーンインフラを含むように LTCPs を変更するために有効な手段を見いだした。施行および遵守保証局（OECA）の EPA オフィスは現在、LTCPs の一環としてグリーンインフラを実施するための指導に取り組んでいる。

NPDES 規制は、地方自治体に新しい開発地域と再開発地域からの竣工後の流出水に対処するための雨水分流式下水道（MS4）プログラムを新たに開発して実施することを求めている。レネクサ、カンザス、およびサンノゼなどの都市では、グリーンインフラを NPDES 要件の一部として、地域の雨水法規に組み込んでいる。彼らは、州の許可は更新をしつつ、特定の敷地の設計から大規模土地利用の尺度まで、より直接的に不浸透性、流出量、水質との間の関連に対処し始めている。EPA は現在、MS4許可証の要件に合致するようグリーンインフラを使用するための要件を拡大する意向のある州の許可証を発行する者向けの指針を開発中である。州の許可がグリーンインフラを使用することについてより明示的に表記できるように、多くの自治体は彼らが NPDES の許可要件に対してクレジットを受け取ることができる地元のプログラムを採用することを開始した。

雨水管理必要条件

EPA は、国家プログラムオフィスや地域の EPA オフィス、OECA などとの間で増加した調整は有益であり、これが一貫性のない政策や許可、法規、さらには LTCPs の施行を避けるのに役立っていると認めた。また、革新的な地域政策と規制された環境という現在の状態は、地方自治体が連邦の雨水と CSOs 要件を満たすグリーンインフラへ投資をすることを、少なくとも短期的には困難にさせ続けていることも認めている。しかし最近、EPA は、自らの雨水プログラムを強化するために新規開発や再開発からの雨水流出を削減し、他の規制改善を行うプログラムを確立するための全国的なルール作りを開始する計画を発表した。

本書に出て来る自治体の多くは複数のプログラムの目的をグリーンインフラ実践と結びつける機会を見出している。多くの自治体は、職員の時間と資金調達の割り当てを行い、規制支持やクレジットなしでも、グリーンインフラ戦略を前進させるようになってきた。

雨天時における強制措置の場合は、増加する補完的環境プロジェクト（SEPS）が、環境被害を軽減するためにグリーンインフラの技術を使用することがある。現在までにグリーンインフラの SEPS は、以下の自治体で合意の下に行われた。

- アラバマ州モビール市の上下水道委員会
- オハイオ州ハミルトンとシンシナティ市の郡政委員会
- コロンビア上下水道局の地区とコロンビア特別区
- メリーランド州のワシントン郊外衛生委員会
- 北部ケンタッキーの衛生地区№1
- ケンタッキー州レキシントン、ファイエットの市郡政府

資産管理

市と郡政府が、地域管理の名の下に多くの競合する要求へ割り当てることのできる財源は限られている。自治体は、高価な水質浄化法の要件を実施および強制する責任を負うが同時に、環境的、非環境的両方の他の多くのプログラムにも資金の拠出を試みている。2004年、EPA は Clean Watershed Need Survey（流域浄化需要調査）で、雨水や排水汚染を制御するための全国的な設備投資は、今後20年間にわたって2025億ドルとなり、その中には合流式下水道からのオーバー

フローの修正に548億ドル、雨水管理に９億ドルが含まれると見積もった。減少する連邦政府からの資金調達の中で、自治体は既存の公衆雨水システムの運用維持管理だけでなく、LTCPs の実施に伴うコストも負担しなければならない。地域政府と住民は、規制要件を満たす最も効率的な解決策を決定し、選択しなければならない。予測されるコストの範囲で、雨水排水と合流式下水道システム、資産管理の一形態としてのグリーンインフラを使用することは、グレーインフラとグリーンインフラのハイブリッド（混合使用）システムの確立に向けた移行を支える原動力となる。ハイブリッドシステムの実践は、従来のインフラである下水道からの雨の流れを迂回させるべくグリーンインフラを使用することで、グレーインフラのコスト、例えば運用と維持管理コストを削減することができるだけでなく、将来のシステムをより小さくすることができる。

フィラデルフィアのような都市は、既存のインフラ資産をよく管理して将来の運用コストと保守コストを減らす手段として、グリーンインフラ政策を可決した。フィラデルフィア水道局は、敷地は初期降雨を留める必要があり、それを定めた新しい雨水規制は、雨水の表面流出を減らすことで合流式下水道に入りやがてはオーバーフローとして排出される雨水が1/4億ガロン減少し、フィラデルフィアは1億7000万ドルを節約できるようになると推定した。この節約は、不浸透性被覆の1平方マイルがフィラデルフィアの最新の雨水規制の下で再開発した結果貯められる雨量について、従来の合流式下水道からのオーバーフローを貯めるタンクや水路内で同量を貯めるには資本金1.7億ドルが必要となり、しかも、運用と維持管理費はこれに含まれない、という事実に由来するものである。効果的な雨水規制施行の2年後、フィラデルフィアは現在、2平方マイルを使ってグリーンインフラの実践を行い、約340万ドルを節約したと推定されている。

カンザス州のレネクサは、3つの代替雨水管理のアプローチを比較し、グリーンインフラを用いた現場での雨水拘留にかかるコストの方が、古いアプローチによる改修と反応性の解決策よりもコストを25%節約できるということを知った。

オレゴン州ポートランドでは、建設中の「ビッグパイプ（巨大水路）」から流れ出る可能性のある何百万ガロンの雨水を保持するために浸透実践を使用している。これは輸送と処理にかかる現在のコストを削減するだけでなく、市が時間をかけて開発している「ビッグパイプ」が、増加する雨水流入量を処理することを確実にする。3つのコミュニティはみな、グリーンインフラへの投資は、それ自身に対してだけでなくグレーインフラ計画の寿命を補完し延命するための公的資金によるスマートな投資であると考えている。米国の多くの地域では、公営の汚水処理場でも雨水管理システム上でも複数の要求を満たすための効具的かつコスト効率の高い解決策として、グリーンインフラによる解決策を当たり前のように採用し始めている。

洪水制御

頻繁な洪水には損害と心配が伴う。将来の洪水の発生をを緩和して既存の開発からの流出水をよりよく管理する方法として、グリーンインフラを開発計画に取り込むことを定めた法案を制定する動きがある。現実の洪水の発生はそうした地域でのグリーンインフラ実践を牽引してきた。カンザス州レネクサやバージニア州スタッフォード郡のようなコミュニティは、1998年、2004年と大規模な洪水に見舞われた。そのため、雨の庭™、街路湿地、雨のピーク中に付加的洪水防御を提供する保持方法などのグリーンインフラ・アプローチを利用している。

適切な洪水防御に対して従来のシステムは無力である。ゆえに、レネクサでもスタッフォード郡でも、グリーンインフラという新しい自然システムに対する公

サンタモニカ（カリフォルニア州）のエウクレイデス公園は、公共の快適性と降雨流水路の構造を兼ねた施設で、地下に貯水のための領域がある。

衆の支持があった。シカゴやフィラデルフィアのような古くからの歴史のある地域は、治水と予防のためのグリーンインフラがもたらすコスト削減を実施の前提としている。シカゴのグリーンアレープログラムは元来、路地と隣接する地下室の浸水に対する住宅所有者からの苦情への対応として、開始されたものである。

あらゆる規模の自治体―特に最近洪水被害の多い米国中西部の湾岸地域―は、洪水問題に常に関心を持っている。洪水被害が人間の安全性や家屋の損壊、公共コストなどの諸懸案に直結するからである。米国の洪水被害は、ハリケーンカトリーナ、リタ、ウィルマなどを含めなくとも毎年平均して60億ドル以上に達している。

洪水対策にかかるコストは、豪雨中に氾濫すると思われる水域に隣接する河川緩衝帯と自然の土地を守るように計画された流域規模あるいは近隣規模のグリーンインフラによって軽減させることができる。ノースカロライナ州のシャーロットやメクレンブルク郡、オレゴン州のポートランドなどの地域には、予測可

ヒューストン（テキサス州）のバファロー・バイユー・プロムナードは、以前の浸透性地域をグリーンインフラとして、排水路を回復させたものである。それは他のコミュニティにも環境利益を提供することに加え、洪水の輸送を向上させた。

能な洪水制御を提供するために、氾濫原の土地を購入して保全する土地取得プログラムがある。

ミルウォーキーの下水道地区グリーンシームズ（Greenseams）のプログラムは、既存のオープンスペースを保護して自然の洪水貯留機能を持つグリーンインフラとしてそれを開発している。また、ミルウォーキーの保全計画は、グリーンインフラのアプローチは従来の治水代替案と比較して潜在的なコスト削減があると報告している。今後ますます多くの自治体が将来の洪水リスクを予測し、氾濫原を保護し、洪水被害を防止するための機能的なランドスケープがつながれた洪水制御システムを確立すると考えられる。

持続可能な目標

米国において連邦政府および州の規制は地方自治体のグリーンインフラ・プログラムを始める原動力の一部となったが、本書にて調査対象となった自治体の多くは、大規模な持続可能な計画を持ち、グリーンインフラ政策を支持する事業を持っている。サンノゼのグリーン・ビジョン、フィラデルフィアのサステナビリティ・イニシアチブ、シカゴを世界で最も環境にやさしい都市にする目標など、すべて国家の水質汚染防止法の単なる遵守を超えた事業の例である。グリーンインフラ政策は、水関連の目標達成のためだけでなく、経済利益および環境利益を達成するためにも使用することができるのである。

フィラデルフィアは最も定評のあるグリーンインフラ・プログラムを持つ自治体であるが、輸送部局と環境部局から公共事業まで、機関全体にわたる使命表明でのシナジー効果を同定した。企画部局は、効率的な土地利用を促進するためにグリーンインフラを使用し、プロジェクトが環境効果と経済効果を持つことを確実にするために地域の法規を変更した。経済開発部局は、地域を改善し敷地の資産価値を高めるために、グリーンインフラを使用することができる。フィラデルフィアやバッファローでは人口が減少しており、この「縮小する都市」に生じる空地に永続的かつ機能的なランドスケープをなすか、経済発展を促進するための暫定的な土地利用をなすか、そのどちらもグリーンインフラ・プロジェクトを用いることができる。地域の交通部局は、道路と交差点などの公有道路の改良にグリーンインフラを使用できるが、その典型的な実践として、バンプアウト、歩行環境を改善する街路樹、歩道のプランター、幅員の狭い街路の拡張などがある。そして、公園やレクリエーション部局も、遊歩道や生物生息地の改善と自然資源保全のためのコリドー（回廊）を接続することにより、他の部局と比べると大きな規模で、グリーンインフラを支持することに関与できる。

コミュニティの施設としてのグリーンインフラの追加もまた、グリーンインフラ普及のための強力な原動力となる。他の都市がグリーンインフラによる生活の質の改善はあくまで補完的な利益だと捉える一方で、フィラデルフィア、エメリーヴィル、レネクサ、サンタモニカなどの自治体は、これを地元のグリーンインフラ政策の主要な優先事項に掲げている。グリーンインフラ政策の導入をコミュニティが決定し、複数の重複する利益がもたらされる設計を確保できるのならば、グリーンインフラ政策は、都市や郡、大都市圏のいずれもが直面する課題に対する大きな解決策となることができる。

バッファローの正しいサイズ決定プログラムから

「人口の減少を考えると、バッファロー独自の土地銀行（保管）制度には、潜在的空地の大部分がオープンスペース、トレイル、コミュニティガーデン、公園などに変換されることによって『グリーンインフラ』を特定の要素で処理するこ

エメリーヴィル（カリフォルニア州）のすべての開発者は、プロジェクトの計画運用を通して、グリーンインフラを要求する市の『グリーンで高密度な再開発のための雨水指針』を遵守しなければならない。

とが含まれる。『グリーンインフラ・イニシアチブ』とは、残された宅地の資産価値を創出し、衰退によって荒廃した土地に地域投資家や住民を取り戻せるような魅力を創り出すことを目標とするものである」

グリーンインフラの主要な政策は、第５章で挙げた事例研究のように大都市ではよく行われており、それぞれの事例は政策がどのように適用されたかという結果を含んでいる。そして、グリーンインフラを地域の需要に適合させるためにどのような形で実施して応用すべきかという指針についても述べているが、ここに雨水規則についての補足をしておく。これはつまり、雨水規則を定めることがグリーンインフラ普及のそもそもの第一歩として大変重要であることを意味するものである。

雨水規則

新しい雨水規則は、事例研究中のすべての自治体が用いている唯一共通する政策である。米国の各自治体は、新規開発事業にも再開発事業にも、出来るかぎり雨水が現場を離れる前にその場で流出を管理するために、グリーンインフラを使うことを求めている。

EPA の NPDES 許可要件は通常、こうした自治体が雨水規則を定めようとするための第一のきっかけとなる。ただし、地域固有の目標が現場管理要件の変数の

サンタモニカ（カリフォルニア州）の雨水規則は海岸資源の保護に焦点を当てており、処理後の流出水の海への放出を可能にする。

形に反映される。オリンピア（ワシントン州）やカンザスシティ（カンザス州）のようなコミュニティは、開発者に対し不浸透性の地表面が生み出した雨水の特定量を管理することを求めている。しかし、アラチュア郡（フロリダ州）やシカゴ（イリノイ州）などの自治体では、敷地の障壁の最小化と不浸透性地表面の全体的な削減を求めている。

それぞれのコミュニティの研究事例は、地域の雨水規則の革新が、よりよい水質という成果につながることを示すが、雨水規制だけでは、コミュニティの水質問題に対処することはできない。

一般的に雨水規制は、新しい開発許可証を求める敷地に対してのみ影響を及ぼすもので、すべての種類の土地利用や古くて環境保護要件のない適用外の敷地に対する義務を負わない。（都市の中には、既存の敷地に政治的影響力を活用することを実際に選択するところもあるが）フィラデルフィアの場合は、雨水管理規

フィラデルフィア（ペンシルベニア州）では、雨水規制単独で市内の不浸透性地表面の20%を規制することが分かった。市は、公有地のプロジェクトやインセンティブなどを含む幅広い政策を使用している。

則の形で土地ごとの制御によって、市の土地の20%だけが管理され、新しい規則が規定された後の20年間のみ、その20%の土地だけが影響を受けると予測している。そのため空地と公有地、街路とウォーターフロントはすべて、他の政策方法を用いて取り組まれなければならない。

雨水規制は万能ではなく、一般に、単独で大規模な土地利用パターンや開発手法への対処は不十分なことがある。バージニア州スタッフォード郡は、浸透とろ過実践を必要とする厳しい雨水規則を新しく持ったが、成長を指向する高密度な開発を奨励するための大規模な土地利用計画政策を欠いている。この郡の土地の大部分は、駐車場などの不浸透性の表面に転換されているが、新たな商業敷地の95%は今、生物ろ過を通じて敷地上の雨水を管理されている。しかし、不浸透性地表面への土地転換の全体率は今でも非常に高い。

水資源を完全に保護するために、コミュニティは、開発密度の範囲を構築すること、十分なオープンスペースを取り入れること、重要な生態学的緩衝領域を維持し土地の撹乱を最小限に抑えることなど、地域の要件に基づいて、広範囲な土地利用戦略を採用しなければならない。カンザス州レネクサの場合は、市の管轄区域内で大規模なグリーンインフラを保護し、創り出すための包括的な計画をした。市は脆弱な自然の土地から離れたところで開発を指示し、その後、洪水緩和、ストリーム保護、水質の改善やレクリエーション施設の提供を行うために、優先領域とされた土地を購入している。自治体は、その地域の土地利用政策がより高密度でコンパクトな発展をすることと、混合利用を支持することを保証しなければならない。それが、特に流域レベルでの水質を護るためのよりよい方法だからである。通常消費の少ない土地は、流域内で不浸透性地表面を生みだすことも少ないことを意味している。

おわりに

自然がインフラでもあるという考えは新しいものではない。しかし、現在ではそれがより広く理解されている。自然は、地域社会にとって重要なサービスを提供し、洪水や熱波から人々を守り、人々や環境の健康を支える大気と水の質を改善するのに役立つ。自然が人々によって活用され、インフラストラクチャーシステムとして使用されるとき、それは「グリーンインフラ」と呼ばれるようになる。

グリーンインフラはすべての規模で発生する。それはしばしばスマートでコスト効果の高いグリーンな雨水管理システムと密接に関連しているが、もたらされる利益はそれよりもはるかに大きい。グリーンインフラは、スマートな地域と首都圏計画の中心的な要素であり、クリーンな空気と水を使って、次世代に住みやすい環境を保障するものである。そして、人間の居住地を経て移動を可能にする回廊やトレイルなどのシステムを提供することで、気候変動によってますます脅かされつつある野生生物たちの生存需要にも対応するよう設計することができる。グリーンインフラでできた都市の回廊は、人々が近くに住みたいと思うほど美しい場所にできると私は信じている。

グリーンインフラはまた、公園システムと都市林でもある。ここまで本書をお読みいただければ、読者はグリーンインフラシステムでは樹木が重要な要素であり、他の技術を優先してこれを割り引くべきではないというメッセージを受け取ることができるものと確信している。また、人工的に造られた湿地も、水を地域で管理し、野生生物の生息地を提供するために自然を利用する別の方法である。また、敷地規模では、スマートなコミュニティは、交通システムにグリーンストリートのようなグリーンインフラを使用しており、グリーンルーフは自然の恩恵を人工的に構築された環境（建物）にもたらすことができる。

設計者は、グリーンインフラが正常に、成功裏に機能していることを証明するための証拠を蓄積し続けている。そうすることでシステムは、グリーインフラの旧式のモデルよりも新式モデルの方がコスト対効果も高く、人と環境の両方に多くの利益をもたらす仕組みになっていく。換言すれば、一度に多くの利益をもたらすために、自然はどこにでも組み込むことができる。つまりそれはグリーンインフラについて大規模から小規模まで、何百もの事例が存在するということである。本書はその一端を紹介したに過ぎないが、グリーンインフラを学ぼうとする諸兄の手助けとなれば幸いである。

小出兼久 ASLA（JXDA）

用語

グレーインフラ（Grey Infrastructure）：雨水の管理方法の中で植栽を用いるものをグリーンインフラと呼ぶのに対し、従来の配管中心のインフラはグレー（灰色）インフラとよく言われる。グレーインフラとは、雨水を集めて離れた場所へ運ぶために、雨樋、雨水下水道、水路、暗渠、調整池などの雨水に関連するハードな器を中心に設計されたシステムである。

合流式下水道（CSS=Combined Sewer System）：合流式下水道システム。合流式下水道とは、流出した雨水を集めることを目的とした雨水下水管と、家庭排水や産業排水の流入する汚水下水管が同一の配管内にあるものを言う。合流式下水道システムは、汚水を処理するためにその雨水混じりのすべての配管内の水を一斉に下水処理場へと運ぶ。この水は汚水処理された後、水域へと放出される。

合流式下水道からのオーバーフロー（CSOs=Combined Sewer Overflows）：豪雨あるいは融雪水が生じる期間の合流式下水道における汚水量は、下水道設備や汚水処理場の能力を上回る。この理由で合流式下水道は時々氾濫し、近くの小川や河川あるいは他の水域までオーバーフローした汚水をすぐに放出するように設計されている。このオーバーフローには雨水だけでなく、未処理の人間の汚物や産業廃棄物、有毒物質などが含まれている可能性がある。

衛生下水道システム（Sanitary Sewer System）：衛生下水道システムとは、特に住宅と商業ビルと工業地帯からの下水と工場廃水を下水処理場まで輸送するシステムのことである。この汚水下水道システムは、雨水下水道とは別々に管理されることが多い。

衛生下水道からのオーバーフロー（SSO = Sanitary Sewer Overflows ）：衛生下水道からのオーバーフローとは、自治体の衛生下水道からの未処理下水が意図せずにオーバーフローして放出されることを言う。このような放出が生じる原因は様々であるが、下水管の詰まり、雨水下水管や地下水システムへの過負荷、下水システムの運用と保守に起因する障害、電源障害（停電）などがあり、必ずしも不適切な下水道設計や破壊行為に起因する下水道の欠陥などに限定されるものではない。また、多くの地域で下水道の老朽化と雪を溶かすために撒かれる塩が下水道システムに入ることが問題となっている。通常、こうした下水道からのオーバーフローは、二次処理施設の既存の処理能力を超過することによって発生する。

分流式下水道（SSS=Separate Sewer System）：分流式下水道では、雨水管インフラは 合流式下水道に対立するものとしての汚水を運ぶ衛生下水排出システムとは、完全に分離されている。

グリーンルーフ（Green Roof）：グリーンルーフ（緑の屋根）とは、植物によるルーフカバーであり、土壌、防水膜、砂利バラストなどを用いて屋根板あるいは瓦の場所にあてはめたり移植したりすることでつくられる。グリーンルーフシステムは、高品質な防水処理と断根システム、排水システム、フィルター層、軽量土壌と植物によって構成される既存屋根の延長線上のものである。

街路樹（Street Trees）：従来の街路樹は、道路のエッジ（縁）に沿って正しく設計されると雨水を取り込むことができ、雨水を浸透させたり、蒸散させたりする。また、汚染物質を保持し、分解し、吸収することができる。これらの利益は、マルチと土壌と植物の根系の層によって構成される「樹木穴」をつくったり、雨水フィルターに樹木を広範囲に統合することによって拡張することができる。

グリーンストリート（Green Streets）：グリーンストリートは、道路内に雨水管理システムを統合し、雨水下水管への雨の流出量を減少させるように設計されたストリートスケープと定義される。また、気温の低下と大気質の改善、雨水の遮断などの街路樹のキャノピー（樹冠）の最良の用途（緑陰）を提供してくれるものである。

バイオレテンション（Bioretention）：バイオレテンション（バイオフィルタシステム）とは土壌である。開発地域の地表面から流れ出る雨水をろ過処理するのに用いられるもので、設計基準に基づいた施設をつくり適切な植物を植えたものである。バイオレテンションシステムは、土壌による汚染物質のろ過と吸着メカニズム、微生物変換その他のプロセスによる汚染物質除去に加えて、水浸透と蒸発散も利用するように設計されている。

雨の庭™（Rain Garden）：雨の庭™とは、硬質舗装面などから流出した雨水が下水管へ流入するのを遮断するために、在来植物を戦略的に配置した低地のことである。ミニ湿地や降雨流水庭、水質庭、雨水湿原、裏庭湿地、低湿地、湿地性のバイオフィルタあるいはバイオレテンション池などの形がある。雨の庭™は、低い場所につくった植生領域の中へ汚染雨水を導くもので、そこで汚染物質は植物に一部取り込まれ、残りは土壌へ浸透し、ろ過される。（雨の庭™はJXDAの商法登録済）

雨水（表面）流出（Stormwater Runoff）：雨水の（表面）流出とは、地面に浸透せずに車道、道路、駐車場、建設現場、農地、芝生、工業地の上を流れ去る現象のことを言う。この雨水は一度汚染された雨水である。雨水を汚染する物質には、油、油脂、堆積物、肥料、殺虫剤、除草剤、細菌、破片、くずなどが含まれる。雨水は雨水管のシステムを通じて、地元の河川や流域にこれらの汚染物質を放出する。コンクリート、アスファルトなど不浸透性の地表面は地中への雨水浸透や沈殿を妨げるため、不浸透性の面積が多くなるとより多くの雨が流出水となる。流出した雨量とその速度は侵食や土砂の問題を発生あるいは悪化させ、水路や河川、海洋を汚染する。

不浸透性被覆（Impervious Cover or, Impervious area ,imperviousness）：任意の表面によって水の浸透が妨げられる。例としては、舗装（アスファルトやコンクリート）、建物、屋根、車道 / 道路、駐車場、歩道などが挙げられる。

天候を管理する形態の設計とその応用手法：グリーンインフラは、（本来、雨水を管理し、浸水危険を減らし、水質を改善する）遊歩道、湿地、公園、保安林などの形で在来植物を利用した空地と自然地域が相互に連結したネットワークである。これは、経済的ならびに社会的に提供されるある種の雨水管理であり、都市景観の至る所へ戦略的に雨水管理を統合し、従来の単独で管の末端で行う構造システムによる雨水処理の手法に依存しない、都市型雨水管理の革新的な方法である。その地域の開発前の水文学的機能を模倣し、雨水が地面へ浸透することを可能にするよう計画される生態系に基づいた方法である。

編著者

小出　兼久（こいで　かねひさ）
特定非営利活動法人日本ゼリスケープデザイン研究協会（JXDA）代表理事
ランドスケープアーキテクト (ASLA)

略　歴

1951年生まれ。1990年代よりランドスケープにおける水保全の研究を始め、2003年の第３回世界水フォーラム京都会議では分科会「庭から水、世界を考える」を主催し、成果の発表と日本で初めてランドスケープにおける水保全の必要性を提唱した。2005年第10回ゼリスケープ会議（米国ニューメキシコ州）および低影響開発国際会議シアトル・アジア地域（米国ワシントン州）に日本から初めて出席。2010年には生物多様性国際条約フェア（COP10国際会議と併催）に出展し、以来、低影響開発の普及を目指して活動を続けている。ランドスケープアーキテクトとして雨の庭™を実践した作品群は日本や海外で生物学的な受賞歴を持っている。

編著者サイト　http://xeriscape-jp.org/

グリーンインフラストラクチャー　―米国に学ぶ実践―

発　行　日	2019年8月31日
編　著　者	小出兼久＆特定非営利活動法人日本ゼリスケープデザイン研究協会
発　行　者	波田幸夫
発　行　所	株式会社環境新聞社
	〒160-0004　東京都新宿区四谷３-１-３　第１富澤ビル
	電話　03-3359-5371㈹　FAX　03-3351-1939
	http://www.kankyo-news.co.jp
印刷・製本	株式会社平河工業社

ISBN　　定価はカバーに表示しています。